化工装置操作技能

主　编　向丹波

副主编　徐　淳

参　编　刘　橙　唐利平

　　　　沈　红　刘　勇

主　审　辜凯德

北京理工大学出版社

BEIJING INSTITUTE OF TECHNOLOGY PRESS

内 容 提 要

本书依据《国家职业技能标准 化工总控工》（职业编码：6-11-01-03）职业能力要求，以生产性实训装置生产操作为载体，将职业技能目标融入典型工作任务。本书的主要内容包括：现代化工装置生产操作技能要求、化工识图准备、化工仪表及自动化系统准备、公用工程系统准备、化工装置原始开车设备检查、化工装置的联动试车、化工装置投料试生产。

本书编写突出生产实际技能的实用性、综合性和可接受性，与石油、化工企业工作实践紧密结合，主要供化工技术类专业学生使用，也可作为化工总控工职业资格证书考试参考用书，还可供化工、石化行业从业者参考。

图书在版编目（CIP）数据

化工装置操作技能 / 向丹波主编.--北京：北京
理工大学出版社，2022.9
ISBN 978-7-5763-1698-8

Ⅰ.①化… Ⅱ.①向… Ⅲ.①化工设备－操作－职业
技能－鉴定－教材 Ⅳ.①TQ05

中国版本图书馆CIP数据核字（2022）第168719号

出版发行 / 北京理工大学出版社有限责任公司
社　　址 / 北京市海淀区中关村南大街5号
邮　　编 / 100081
电　　话 / （010）68914775（总编室）
　　　　　（010）82562903（教材售后服务热线）
　　　　　（010）68944723（其他图书服务热线）
网　　址 / http://www.bitpress.com.cn
经　　销 / 全国各地新华书店
印　　刷 / 河北鑫彩博图印刷有限公司
开　　本 / 787毫米×1092毫米　1/16
印　　张 / 15　　　　　　　　　　　　　　　责任编辑 / 阎少华
字　　数 / 346千字　　　　　　　　　　　　文案编辑 / 阎少华
版　　次 / 2022年9月第1版　2022年9月第1次印刷　责任校对 / 周瑞红
定　　价 / 65.00元　　　　　　　　　　　　责任印制 / 王美丽

前 言
PREFACE

随着现代化生产装置的日益大型化，生产过程的连续化、自动化程度不断提高，对生产过程的安全性和稳定性要求也越来越高，由此对操作工人技能的要求也发生了本质上的变化。一个大型化工装置的总控操作工，不仅要掌握全装置工艺过程的原理、操作技巧及事故分析与处理方法，还要对相关的机械设备、电气仪表、公用工程、DCS控制、联锁保护、安全环保等方面有相当程度的了解和具备一定的工程应用能力。

鉴于以上要求，本书结合化工类专业培养目标，面向化工类职业院校工程实践能力培训，以《国家职业技能标准 化工总控工》（职业编码：6-11-01-03）为依据，以一线化工操作工岗位技能要求为核心编写，突出理论和实践相统一。编写以生产性实训装置生产过程、典型工作任务为载体组织教学单元，整合化工工艺、化工机械设备、仪表及自动化、公用工程等专业知识和技能。

本书内容依据《国家职业技能标准 化工总控工》（职业编码：6-11-01-03）职业能力要求，针对化工技术领域和职业岗位（群）的任职需要，以学生能力培养、技能实训为本，以培养基本操作技能为主线，与职业资格认证培训内容紧密衔接。主要内容有现代化工装置生产操作技能要求、化工识图准备、化工仪表及自动化系统准备、公用工程系统准备、化工装置原始开车设备检查、化工装置的联动试车、化工装置投料试生产7个项目，涵盖化工总控工职业技能标准能力点56条。

本书以"工作过程系统化"教学理念设计教材内容，每个项目由项目描述、项目分析、职业技能目标、学习目标、任务导入、任务描述、课前预习、知识准备和任务实践等构成。其中"任务实践"是以职业技能目标对接实训装置操作任务，包括任务分组、任务实施、任务评价、总结反思等工作过程，培养学生职业素养。

在教材内容编排上，采取了"理论知识＋操作技能＋实战演练＋在线课堂"的结构框架，突出学生岗位能力的培养和职业核心能力的形成，能很好地满足学生职业生涯发展的需要。书中还体现了"做中教，做中学，做中求进步"的职业教育特色，帮助学生加深认识、理解和掌握课程相关的知识点，使教材富有时代性、先进性和前瞻性。

本书由四川化工职业技术学院向丹波担任主编，由四川化工职业技术学院徐淳担任副主编，四川天华股份有限公司刘橙、广安职业技术学院唐利平、宜宾职业技术学院沈红、眉山职业技术学院刘勇参与编写。其中，项目1由徐淳编写；项目2、项目3、项目4由向丹波编写；项目5由向丹波、唐利平编写；项目6由向丹波、沈红编写；项目7由刘橙、刘勇编写。全书由向丹波统稿，泸天化（集团）有限责任公司辜凯德主审。本书在四川化工职业技术学院与泸天化（集团）有限责任公司产教融合示范项目支持下完成，参考了四川泸天化股份有限公司、四川天华股份有限公司等单位工程技术专家提供的珍贵技术资料和修改意见，在此一并表示衷心感谢。

由于编者水平有限，书中难免存在不妥之处，恳请广大读者批评指正。

编　者

目录
CONTENTS

化工装置操作技能

项目 1
现代化工装置生产操作技能要求

◀ ◀ ◀ ◀ ◀

项目描述

现代化工装置向大型化、现代化和自动化方向发展，对化工操作人员提出越来越严格的要求，只有具备高素质和高技能的实用型人才才能适应企业岗位需求。

本项目依据《国家职业技能标准 化工总控工》（职业编码：6-11-01-03）（以下简称《化工总控工职业标准》）要求，以实训装置为例，通过完成任务1.1 化工生产概述、任务1.2 现代化工生产操作岗位、任务1.3 现代化工操作工职业能力要求，达到能正确认识现代化工生产的特点、了解现代化工生产操作岗位、明确化工企业对总控工岗位技能要求等目标，为后续项目化工生产操作知识技能培养指明方向。

项目分析

掌握《化工总控工职业标准》常用基础知识，了解行业企业岗位及职业能力要求。

1. 掌握化工生产基本概念、常用指标，化工单元操作的分类，化工过程的特点及基本规律，能初步描述化工生产装置构成、生产方式及特点。

2. 了解现代化工企业生产方式的变化，对操作工人的技能提出了更高要求，能讲解化工操作人员生产岗位及工作任务。

3. 能分析现代化工企业操作人员职业能力要求，了解现代化工的变化趋势，掌握企业对操作人员职业能力的要求，能依据《化工总控工职业标准》，分析自己目前掌握的知识能力和存在的不足，明确达成目标的路径。

任务 1.1　化工生产概述

表 1-1　《化工总控工职业标准》（四级／中级工）

序号	职业功能	工作内容	技能要求
1	2. 生产操作	2.2　运行操作	2.2.3　能识读班组经济核算结果 2.2.4　能进行转化率、收率、产率等计算

● 学习目标

知识目标

归纳理解化工生产基础知识。

能力目标

1. 能运用生产工艺流程的三个步骤描述化工过程。

2. 能运用概念进行单元操作和单元反应归类。

3. 熟练使用转化率、收率、产率等，进行班组经济核算，提出节能降耗建议。

素质目标

1. 逐步形成"工程"概念。

2. 增强岗位工作的责任心。

● 任务导入

从认识化工生产过程出发，了解化工生产的基本概念和常用工程术语。化工生产过程可归纳为"原料预处理、化学反应、产品精制"三个主要步骤，将原料进行单元操作和单元反应加工成化工产品，加工过程是在化工装置中调节控制的，用工艺流程图来表达化工生产过程。

评价化工生产的操作水平，掌握原料的变化和消耗情况，需要引用一些常用指标，进行工艺生产分析和指导，如生产能力、转化率、产率、收率及经济核算需要的消耗定额等概念。

化工生产过程虽然多种多样，但它们是由几十种化工单元操作和单元反应来实现的，常用的单元操作有18种，按其性质、原理可归纳为5种操作类型，掌握它们的操作能力即掌握了化工生产的通用操作能力。

归纳化工生产过程的特点及基本规律，认识化工生产的连续性和间接性、技术的复杂性和严密性、原料产品和工艺的多样性及安全生产的极端重要性，化工生产过程贯穿着两种转换，即物质转换和能量转换。

以实训装置为例，完成以下任务：

1. 描述生产工艺流程的三个步骤。

2. 分析本装置的单元操作和单元反应。

3. 计算生产运行的转化率、收率、产率等，能评价不同班组生产过程控制的操作水平。

4. 进行班组经济核算，并能提出节能降耗的建议。

● 课前预习

1. 现代化工生产可主要操作方式是怎样的，怎么体现自动化？

2. 化工生产过程可归纳为哪几个主要步骤？

● 知识准备

一、化工生产基本概念

化学工业是国民经济的支柱产业之一，与国民经济各领域及人民生活息息相关，对推动农业、轻工、冶金、建筑、建材、能源、医药、航天、国防等其他工业部门的发展起着十分重要的作用，对吸纳就业、增加收入、繁荣市场、满足民众多样性需求具有十分重要的意义。

1. 化工过程

化工生产过程简称化工过程，是指从原料开始到制成目的产物，要经过一系列物理和化学的加工处理步骤。例如，合成氨生产，以煤、石油或天然气等为原料，经过一系列的物理和化学加工处理后制成氨，不仅使物质形态发生了变化，而且物质结构也发生了变化，生成了新的物质。

化工生产过程一般可概括为以下三个主要步骤：

（1）原料预处理。为了使原料符合进行化学反应所需的状态和规格，对不同的原料需要进行净化、提浓、混合、乳化或粉碎等多种不同的预处理。

（2）化学反应。化学反应是化工生产的关键步骤。经过预处理的原料，在一定的温度、压力、停留时间及催化剂等条件下进行反应，以达到所要求的反应转化率和收率。反应类型是多样的，可以是氧化、还原、复分解、聚合、裂解等。通过化学反应获得目的产物或其混合物。

（3）产品精制。将化学反应得到的混合物进行分离，制成符合质量要求的产品，同时，将未反应的原料、副产物或杂质回收处理。

以上三个步骤又分别由若干个单元操作和单元反应构成。原料预处理和产品精制主要由单元操作构成，有时也有一些化学反应；化学反应步骤主要是由单元反应构成的，有时伴有物理过程，如有的反应器附有搅拌。

2. 单元操作和单元反应

化工生产的门类众多，如酸、碱、化肥、橡胶、染料、制药等行业。不仅原料来源广泛，产品种类繁多，且加工生产过程也各不相同。但在复杂多样的加工过程中，除化学反应外，其余步骤可归纳为一些基本加工过程，如流体的输送与压缩、沉降、过滤、传热、蒸发、结晶、干燥、蒸馏、吸收、萃取、冷冻、粉碎等。以物理为主的基本加工过程称为化工单元操作。若干单元操作串联起来就构成了一个化工产品的生产过程。

不同生产过程中的同一种化工单元操作，它们所遵循的原理相同，使用的设备相似。例如，石油工业中石油气中烃类的分离与氯碱工业中聚氯乙烯单体氯乙烯的提纯，都是通过精馏这一单元操作实现的，且都遵循相同的传质原理，使用相似的设备——精馏塔。

化工生产过程中以化学反应为主的基本加工过程称为单元反应，如氧化过程、加氢过程等。

3. 化工装置

化工装置是由化工机械设备、管道、电气、仪表及公用系统组合起来的化工加工过程。例如，甲醇合成装置是由转化炉、废热锅炉、换热器、合成塔、精馏塔等设备，压缩机、离心泵等机械和电气，热电偶、孔板流量计、压力计、调节阀等仪表和自控器，循环水、锅炉水、仪表空气、水蒸气等公用系统适当组合起来的。

4. 化学工艺

化学工艺即化学生产技术，是指将原料物主要经过化学反应转变为产品的方法和过程，包括实现这一转变的全部措施。

化学工艺通常是对一定的产品或原料提出的，如氯乙烯生产工艺、甲醇合成工艺等。因此，它具有产品生产的特殊性。但各种生产工艺，一般都包括原料和生产方法，流程组织，所用设备的作用、结构和操作，催化剂及其他物料的影响，操作条件，生产控制，产品规格及副产品的分离和利用，以及安全环保和技术经济等问题。

5. 化工工艺流程

原料经化学加工制取产品的过程，是由化工单元反应和化工单元操作组合而成的。化工工艺流程图就是按物料加工的先后顺序，将这些单元表达出来。

化工工艺流程图，是用来表达化工生产工艺流程的设计文件。化工工艺流程图根据所处阶段和作用不同，主要包括方案流程图、物料流程图（简称 PFD）、工艺管道及仪表流程图（简称 PID）。

（1）方案流程图，是在产品工艺路线选定后，进行概念性设计时完成，不编入设计文件。它的作用是表达物料从原料到成品或半成品的工艺过程，以及所使用的设备和主要管线的设置情况。

（2）物料流程图（PFD），是在工艺流程初步设计阶段，完成物料衡算时绘制。它是在方案流程图的基础上用图形与表格相结合的形式反映设计中物料衡算和热量衡算结果的图样。

（3）工艺管道及仪表流程图（PID），是在方案流程图的基础上绘制的内容较为详尽的一种工艺流程图。它是设计、绘制设备布置图和管道布置图的基础，又是施工安装、生产操作和检修时的主要参考依据。

二、化工生产常用指标

要了解生产中化学反应进行的情况，掌握原料的变化和消耗情况，需要引用一些常用指标，进行工艺生产分析和指导。

1. 生产能力

化工装置在单位时间内，生产的产品量或处理的原料量，称为生产能力。其单位为 kg/h、t/d、kt/a、Mt/a 等。化工装置在最佳条件下可以达到的最大生产能力称为设计能力。

2. 转化率

转化率是原料中某一反应物转化掉的量（摩尔）与初始反应物的量（摩尔）的比值，它是化学反应进行程度的一种标志。转化率越大，说明参加反应的原料越多，转化程度越高。由于进入反应器的原料一般不会全部参加反应，所以转化率的数值小于1。

工业生产中有单程转化率和总转化率，其表达式如下：

（1）单程转化率。以一次进入反应器的原料量计的转化率，称为单程转化率。原料量的单位为 kg（千克）或 kmol（千摩尔）。

$$单程转化率 = \frac{参加反应的反应物量}{进入反应器的反应物量} \times 100\%$$

$$= \frac{进入反应器的反应物量 - 反应后剩余的反应物量}{进入反应器的反应物量} \times 100\%$$

（2）总转化率。对于有循环和旁路的生产过程，常用总转化率。

$$总转化率 = \frac{参加反应的反应物量}{进入反应器的反应物量} \times 100\%$$

3. 产率（或选择性）

产率表示了参加主反应的原料量与参加反应的原料量之间的数量关系。即参加反应的原料有一部分被副反应消耗掉了，而没有生成目的产物。产率越高，说明参加反应的原料生成的目的产物越多。

$$产率 = \frac{生成目的产物所消耗的原料量}{参加反应的原料量} \times 100\%$$

原料量的单位为 kg（千克）或 kmol（千摩尔）。

4. 收率

收率表示进入反应器的原料量与生产目的产物所消耗的原料量之间的数量关系。收率越高说明进入反应器的原料中，消耗在生产目的产物上的数量越多。

转化率和产率是从不同角度来表示某一反应的进行情况。转化率仅表示进入的原料量在反应过程中的转化程度，它不表明这些生成物是目的产物，还是副产物。有时转化率很高，但得到的目的产物并不多，所消耗的原料大部分转化成了副产物。产率只说明被转化的原料中生成目的产物的程度，但不能说明有多少原料参加了反应。有时某反应的产率很高，但原料的转化率很低，目的产物生成量很少，这表明进入反应器的原料，只有很少的量参加了反应，但参加反应的原料几乎都转变成了目的产物，仅有少量变为副产物。在实际生产中，我们总希望在获得高转化率的同时，也要获得较高的产率。为了描述这两个方面的关系，采用了收率这个概念。

$$某产物的收率 = 原料的转化率 \times 目的产物的产率 \times 100\%$$

或

$$单程收率 = \frac{生成目的产物所消耗的原料量}{进入反应器的原料量} \times 100\%$$

$$总收率 = \frac{生成目的产物所消耗的原料量}{新鲜原料量} \times 100\%$$

5. 消耗定额

消耗定额是指生产单位产品所消耗的原料量，即每生产 1 t 100% 的产品所需要的原料量。

$$消耗定额 = \frac{原料量}{产品量}$$

工厂里消耗定额包括原料、辅助材料及动力等项。消耗定额的高低，说明生产工艺水平的高低及操作水平的好坏。安全、稳定、长周期、满负荷、优化操作，才能降低成本。

6. 催化剂及其活性、选择性和使用寿命

在化学反应系统中，如果加入某种物质，改变了反应速度而其本身在反应前后的量和化学性质均不发生变化，则该物质称为催化剂（或触媒），而这种作用称为催化作用。凡催化作用加快反应速度的，称为正催化作用；降低反应速度的，称为负催化作用（或阻化作用）。

在化工生产中，有 80% ~ 90% 的产品是在不同类型的催化剂作用下生产的。使用催化剂，可以使反应定向进行，并能加速反应，减少副反应，还能使反应条件变得缓和，降低对设备的要求，从而使生产成本降低。

固体催化剂的使用要求，要具有活性好、稳定性强、选择性高、寿命长、耐热、耐毒、机械强度高、有合理的流体流动性，并且原料易得、制造方便、无毒性等特点。几个表示催化剂性能的概念如下：

（1）活性。催化剂活性是指催化剂改变反应速度的能力。催化剂能增大反应的速度，是因为催化剂可以降低反应的活化能，改变反应的机理，使它按活化能较小的反应历程进行。

催化剂活性的大小，通常用原料的转化率来间接表示。转化率高，表示催化剂活性好；反之，则表示活性差。在生产中，有时也用空时得率来衡量催化剂的生产能力。空时得率是指单位时间内，在单位催化剂（单位容积或单位质量）上所得的产品量。常表示为目的产物千克/[立方米（催化剂）·时间]，即 [kg/ (m³·h)]。

$$空时得率 = \frac{目的产量品}{催化剂容积（或质量） \times 时间} \times 100\%$$

（2）选择性。在化学反应中，同一催化剂对不同的化学反应往往表现出不同的活性，同样的反应物在不同的催化剂作用下，也会得到不同的产物。这说明催化剂对化学反应具有选择性，所表现出的选择性就是催化剂促进化学反应向目的产物方向进行的能力。因此，常用产率表示催化剂的选择性。

$$催化剂选择性 = \frac{生成目的产物所消耗的原料量}{参加反应的原料量} \times 100\%$$

（3）使用寿命。催化剂的使用期限，就是它的寿命。它指的是催化剂从开始使用，直到经过再生也不能恢复其活性，达不到生产规定的转化率和产率的指标时为止的这一段时间。催化剂的使用寿命常用时间"月"为单位。催化剂都有它自己的"寿命"，寿命的长短与生产运行时间及生产操作等因素有关。

三、化工单元操作的分类

化工单元操作和单元反应为数并不多，加起来不过几十种，但它们能组合成各种各样的化工生产过程。常用的单元操作有18种，按其性质、原理可归纳为以下五种操作类型。

1. 流体动力学过程的单元操作

遵循流体动力学规律进行的操作过程，如液体输送、气体输送、气体压缩、过滤、沉降等。

2. 热量传递过程的单元操作

遵循热量传递规律进行的操作过程，也称为传热过程，如传热、蒸发等。

3. 质量传递过程的单元操作

遵循物质的质量从一个相传递到另一个相传质理论的单元操作过程，也称为传质过程，如蒸馏、吸收、萃取等。

4. 热力学过程的单元操作

遵循热力学原理的单元操作，如冷冻等。

5. 机械过程的单元操作

遵循机械力学的单元操作，如粉碎、固体输送等。

流体动力学过程的单元操作

热量传递过程的单元操作

质量传递过程的单元操作

机械过程的单元操作

四、化工生产过程的特点及基本规律

1. 化工生产过程的特点

（1）生产过程连续性和间接性。化工生产是通过一定的工艺流程来实现的，工艺流程是指以反应设备为核心，由系列单元设备通过管路串联组成的系统装置。

①化工生产的连续性，体现在空间和时间两个方面。空间的连续性，是指生产流程各个工序紧密衔接，相互关联，无论哪个工序失调，都会导致整个生产线不能正常运转；时间的连续性，是指生产长期运行，昼夜不停，如果上一个班发生故障，会直接影响下一个班的正常运行。

②化工生产的间接性，体现在操作者一般不与物料直接接触，生产过程在密闭的设备内进行，操作人员依靠仪表和分析化验了解生产情况，通过DCS控制系统或现场操作来

控制生产运行。

（2）生产技术的复杂性和严密性。化工工艺流程多数比较复杂，而且发展趋势是复杂程度越来越高。当今的基础化学工业正朝着大型化和高度自动化发展；而应用化学工业正朝着精细化、专业化、高性能和深加工发展。

严密性是指化工生产操作要求非常严格，每种产品都有一套严密的工艺规程，必须严格执行，否则不仅制造不出合格产品，还可能造成安全事故。

（3）原料、产品和工艺的多样性。目前，我国化学工业具有 40 多个子行业，生产 6 万多种产品。化工生产可以用不同原料制造同一种产品，也可以用同一原料制造不同产品。化工产品一般都有两种以上的生产工艺。即使用同样原料制造同一产品，也常有几种不同的工艺流程。

（4）安全生产的极端重要性。在化工生产中，有些单元反应或单元操作要在高温、高压、真空、深冷等条件下进行。许多物料具有易燃、易爆、有毒、腐蚀性等性质。这些特点决定了化工生产中安全的重要性。化工企业新员工，必须首先进行公司、车间、班组三级安全教育后，再学习装置生产技术，达到规定的安全生产和操作知识技能后，才能上岗操作。

安全生产的极端重
要性

化工操作是指在一定的工序、岗位对化工生产过程进行操纵控制的工作。对于化工这种依靠设备作业的流程型生产，其工艺控制参数、设备运行情况必须时刻处于严密的监控之下，完全按工艺操作规程运行，才能制造出人们需要的产品。大量实践证明，先进的工艺、设备只有通过良好的操作才能转化为生产能力。在设备问题解决之后，操作水平的高低对实现优质、高产、低耗起关键作用。

2. 化工生产过程中的物质转换与能量转换规律

所有化工生产过程都是物料转换与能量转换的"两种转换"过程。遵循质量守恒定律和能量守恒定律是化工生产的一个重要规律。

单元操作进行的物理过程都与能量转换紧密联系，如液体输送要消耗电能，粉碎要消耗大量机械能，蒸馏、蒸发要消耗大量热能。单元反应进行的化学过程也都伴随着能量转换，有的化学反应要输出能量。如电解反应要输入大量电能；有的硫黄制硫酸工艺过程安装了余热发电装置，以使反应放出的热量得到有效利用。

在学习和生产中，要运用"两种转换"规律来作指导。抓住"了解"与"控制"两个环节，从以下三个方面入手。

（1）了解物料运行的状况。物料运行通常有下列三种表现形式：

①物料的输入和输出。输入的物料有原料和辅助材料；输出的物料有产品、中间产品、副产品和"废料"。

②物料的变化。物料在装置中发生的化学变化和物理变化。

③物料的循环。有些反应过程，反应物不可能完全转化成产物，因此，要将那些没有转化的反应物循环使用。

在学习中，要了解装置物料的输入和输出，每个设备和管道中的物料，在设备中物料发生的化学和物理变化，对物料的生产要求。

（2）了解能量运行的情况。能量的运行也包括输入、转化和输出三种表现形式。能量的输入一般包括随物料带走的能量和外加能量，而外加能量是指公用工程装置供给水、电、汽、气、冷五种动力资源。

①水。水是指用于换热的水，如加热与冷却用的水。

②电。电包括用电力驱动生产设备，将电能转换为机械能；用电直接参与化学反应过程，如电解。

③汽。汽是指水蒸气。

④气。气是指用于动力的压缩空气和仪表空气。

⑤冷。冷是指低温操作所需的冷量。

这五种动力资源一般由工厂公用工程部门负责供给，即水厂、循环水、脱盐水、配电站、锅炉、空分、制冷站等。

在学习中，要了解生产装置中哪些设备使用了这五种动力资源，掌握它们的正常指标，以及它们的波动和断供对生产的影响，掌握发生故障时的应对措施。

（3）控制物料、能量的运行。严格控制工艺指标，经常对各项工艺指标进行综合分析，判断物料运行状况和能耗情况；尤其要严格控制反应物转化为生成物的转化程度，才能将整个工况稳定在最佳状态。

综合来看，化工生产过程种类繁多，很难完全掌握，但各种生产过程都有共同的基本组成规律：

①化工生产过程是由若干个单元操作和单元反应等基本加工过程构成的。

②化工生产过程包括原料的预处理、化学反应和反应物加工三个基本步骤。

③化工生产过程贯穿着两种转换，即物质转换和能量转换。

● 任务实践

一、任务分组

表 1-2　任务 1.1 学生任务分配表

班级		组号		指导教师	
组长		教学任务		任务 1.1　化工生产概述	
序号	姓名 / 小组		学号		任务分配
1					
2					
3					
4					
5					
6					

二、任务实施

化工生产过程一般可概括为原料预处理、化学反应、产品精制三个主要步骤，如图1-1所示。这三个步骤，又分别由若干个单元操作和单元反应构成。原料预处理和产品精制主要由单元操作构成，有时也有一些化学反应；化学反应步骤主要是由单元反应构成的。这三个基本步骤是化工生产过程的主要物料流程，学习一套化工生产装置，首先应掌握这三个基本步骤的原理和要求，弄清楚主流程的来龙去脉，起到提纲挈领的作用。

图 1-1　化工生产过程主要步骤示意

以物理为主的基本加工过程称为化工单元操作，若干单元操作串联起来就构成了一个化工产品的生产过程。如流体的输送与压缩、沉降、过滤、传热、蒸发、结晶、干燥、蒸馏、吸收、萃取、冷冻、粉碎等。

班组经济核算是指班组通过精心操作维护，优化控制指标，生产出质量好、数量多、成本低的产品，以获得较高的经济效益，可以通过计算生产指标评价。

按照具体实施步骤填写表1-3。

表 1-3　任务 1.1 实施工单

工作任务	任务 1.1　化工生产概述		
实施步骤			
序号	实施内容	注意事项	负责人
1	了解化工生产基本知识： （1）什么是化工生产过程（简称化工过程）？ （2）化工生产过程一般可概括哪三个主要步骤？ （3）单元操作是以物理反应还是化学反应为主的加工过程？包括哪些？ （4）化工装置是由哪些部分组合起来的？		

序号	实施内容	注意事项	负责人
1	（5）什么是化学工艺？ （6）化工工艺流程图根据所处阶段和作用不同包括哪几种流程图？ （7）什么是生产能力？ （8）什么是转化率？ （9）什么是产率（或选择性）？ （10）什么是收率？ （11）什么是消耗定额？ （12）什么是催化剂及其活性、选择性和使用寿命？ （13）为什么说化工生产过程具有安全生产的极端重要性特点？ （14）化工生产过程的基本组成规律有哪些？		

序号	实施内容	注意事项	负责人
2	以实训装置为例描述生产工艺流程的三个步骤。 （1）原料预处理主要设备位号：_____ （2）化学反应主要设备位号：_____ （3）产品精制主要设备位号：_____	了解工艺原理，分析工艺流程，概括三个步骤，每个步骤包括哪些主要设备	
3	以实训装置为例分析装置的单元操作和单元反应。 （1）液体输送设备位号：_____ （2）气体输送设备位号：_____ （3）换热设备位号：_____ （4）蒸馏、吸收设备位号：_____	将单元操作设备归类，写出各类设备位号	
4	以实训装置生产数据为例，计算生产运行的转化率、收率、产率等，进行班组经济核算，提出节能降耗建议	以某一原料或辅助材料及动力等项消耗为例计算消耗定额，如原料、电、循环水、蒸汽等	

示范展示	
展示任务	展示要求
化工生产基本知识的了解情况	随机抽取同学，分享自己所学和所思
以实训装置为例描述生产工艺流程的三个步骤	小组推选一人，向全班同学分析讲解工艺流程的三个步骤原理，各步骤包括的主要设备
以实训装置为例分析装置有哪些单元操作和单元反应	小组推选一人，向全班同学分析讲解实训装置各类单元操作设备名称及作用单元反应原理
以实训装置生产数据为例，计算生产运行的转化率、收率、产率等，进行班组经济核算，提出节能降耗建议	小组推选一人，向全班同学分析讲解实训装置转化率、收率、产率等计算，分析班组经济核算，提出节能降耗建议

三、任务评价

表 1-4　任务 1.1 评价表

自我评价		
评价项目	评价标准	得分
理论知识	A．90～100 分 B．80～90 分	
实践技能	C．70～80 分 D．60～70 分	
成果展示	E．0～60 分	
合计		

小组评价		
评价项目	标准	得分
计划合理		
方案合理		
团队合作		
组织有序	优（8分）	
工作质量	良（7分）	
工作效率	中（6分）	
工作完整	差（4分）	
工作规范		
识读报告		
成果展示		
合计		

教师评价				
评价任务		评价标准	分值	得分
考勤（10%）		无无故迟到、早退、旷课	10	
工作过程（60%）	应知	能完成应知任务，正确描述相关知识概念、工程术语，并能初步应用于实践中	10	
	应会	能正确完成应会操作任务，能理解操作步骤的原理和目标	10	
	工作态度	态度端正、工作认真、主动	5	
	协调能力	与小组成员之间能合作交流，协调工作	5	
	职业素质	能做到安全生产，文明工作，保护环境，爱护公共设施	5	
项目成果（30%）	工作完整	能按时完成任务	5	
	工作规范	按任务要求执行	5	
	语言图文汇报	交流顺畅、资料完整	20	
	现场操作展示	操作准确、知行合一	25	
合计			100	

综合评价			
自评（20%）	小组互评（30%）	教师评价（50%）	综合得分

四、总结反思

根据评价结果，总结自我不足。

任务 1.2　现代化工生产操作岗位

● 职业技能目标

表 1-5　《化工总控工职业标准》（四级/中级工）

序号	职业功能	工作内容	技能要求
1	1. 生产准备	1.1　工艺文件准备	1.1.3　能识记工艺规程、安全技术规程和操作法

● 学习目标

知识目标

1. 了解现代化工生产方式变化趋势。
2. 分析现代化工生产方式及操作岗位任务要求。
3. 理解操作规程的作用。
4. 理解岗位操作的作用。

能力目标

1. 能口述表达总控工岗位的职责范围和要求。
2. 能尝试表达操作规程和岗位操作法所包括的内容。

素质目标

1. 增强团队意识和协作精神。
2. 增强科技创新意识。

● 任务导入

现代化工生产操作岗位主要分为两部分，一部分是现场巡检岗位；另一部分是DCS控制的总控岗位。现场巡检岗位的工作任务是负责化工装置现场的设备、仪表、电气、公用介质及安全环保等操作和维护，接受总控指令操作；DCS的总控岗位的工作任务是负责化工装置的DCS操作，并根据生产需要下达指令现场巡检岗位配合操作。

总控岗位和现场巡检岗位操作的依据是操作规程和岗位操作法，必须能正确识读熟练操作。

● 任务描述

以实训装置为例，完成以下任务：

1. 写出总控工岗位的职责范围和要求。
2. 识读并写出操作规程包括的内容。
3. 识读并写出岗位操作法包括的内容。

一、现代化工企业生产方式的变化

石油和化学工业是国民经济的能源产业、原料产业、基础产业和支柱产业，我国石油和化学工业由小到大，初步形成具有40多个子行业，生产6万多种产品，门类基本齐全，品种基本配套，有一定国际竞争力的完整工业体系。

现代化工企业生产方式变化趋势：一是向大型联合装置发展；二是大量应用DCS、FCS自动控制系统。随着化工产品结构的调整及化工装置大型化、现代化、自动化的发展，客观形势对化工操作工人提出越来越严格的要求。20世纪60年代，一套以煤为原料的年产6万t的合成氨装置，其操作工人标准设计定员为169人。而20世纪90年代，同样一套以煤为原料的年产30万t合成氨装置，其操作工人的标准定员仅为60人。以每人每年平均生产合成氨产量计，后者比前者增加了14倍（以天然气为原料的大型合成氨装置定员仅为40人，其比例高达21倍）。

现代化工生产方式的变化对操作工人提出了更高的要求。例如，在年产6万t的合成氨装置上，一个操作事故会造成一套煤气发生装置或一台压缩机停车，每日合成氨产量的损失不过数十吨，即使发生十分严重的全系统停车，其日产损失最多200t合成氨，而在现代大型合成氨装置中，一个微小的疏忽和失误，都会导致全系统的停车，其日产损失在千吨以上。不言而喻，化工装置大型化的结果是大大增加了每个操作工人的生产和经济责任。化工装置自动化程度的提高，大大扩展了每个操作工人的控制范围。过去，一名或几名操作工人，一般只能负责一个化工单元的操作，而现在，借助于计算机的帮助，可以大大提高生产率。在发达国家，包含几个甚至十几个化工单元操作的完整的生产过程可以由1～2名操作工人完全控制。目前，我国现代化工企业操作工人的配备，已经接近发达国家水平。一个大型石化装置的总控制室操作工，不仅要掌握裂解、转化、吸收、精馏、压缩、制冷等工艺过程的原理和操作，还要对其相关的水质处理、能量利用、DCS控制、环境保护、设备动态检测等方面也要有相当程度的了解。从一变化。

二、操作岗位及工作任务

一套化工装置按操作单元的范围可划分为几个操作岗位，每个操作岗位负责一个或若干个单元操作、单元反应的工作任务。例如，大型尿素装置操作岗位包括班长、总控、压缩、循环、蒸发和泵岗位。班长岗位主要负责尿素装置当班的生产和安全、设备维护、人员管理、对外联系、开停车指挥、紧急事故的处理等工作；总控岗位主要负责整个生产装置的 DCS 和联锁逻辑系统的操作，包括装置的正常生产运行、开停车和事故处理操作等工作；压缩、循环、蒸发和泵岗位，则分别负责 CO_2 压缩机系统、尿素循环回收系统、尿素蒸发系统和泵的现场日常生产操作和设备维护，开停车操作及事故处理等工作。

一般新工人入岗培训，要进行化工知识的培训，以及操作规程及岗位操作法的学习，使他们对化工生产的了解由抽象转为具体。只有经过岗位操作法的学习及考试，熟悉岗位操作法，能用操作法指导实施正常生产操作，经过考核合格的人员才能走上操作岗位。

三、操作规程和岗位操作法

1. 操作规程是化工装置生产管理的基本法规

为使化工装置能够顺利的开停车、正常运行、安全地生产出符合质量标准的产品，在装置投运开工前，需编写该装置的操作规程。操作规程是指导生产、组织生产、管理生产的基本法规。操作规程一经编制、审核、批准颁发实施后，具有一定的法定效力，任何人都无权随意变更操作规程。在化工生产中，由于违反操作规程而造成跑料、灼烧、爆炸、失火、人员伤亡的事故屡见不鲜。如四川某化工厂，操作人员严重违反操作规程，在合成塔未卸压的情况下，带压卸顶盖，结果高压气流冲出，造成在场 5 人死亡的重大事故。因此，操作规程也是一个装置生产、管理、安全工作的经验总结。所以，每个操作人员及生产管理人员，都必须学好操作规程，了解装置全貌及装置内各岗位构成，了解本岗位在整个装置中的作用，从而，严格地执行操作规程，按操作规程办事，强化管理、精心操作，安全、长周期、满负荷、优质地完成好生产任务。

操作规程一般包括装置概况、产品说明、原料和辅助原料及中间体的规格、岗位设置及开停车程序、工艺技术规程、工艺操作控制指标、安全生产规程、工业卫生及环境保护、主要原料和辅助原料的消耗及能耗、产品包装运输及储存规则。

2. 岗位操作法是操作规程的实施和细化

化工装置要实现正常运行，除法规性的操作规程外，还必须有一套岗位操作法，来实施操作规程中的开停车程序，细化到每个岗位如何互相配合，将全装置启动起来，在生产需要和异常情况时，进行安全停车操作。因此，岗位操作法是每个岗位操作工人借以进行生产操作的依据及指南，它与操作规程一样，一经颁发实施即具有法定效力，是工厂法规的基础材料及基本守则。所以，每个操作人员都必须认真地学习及掌握岗位操作法，严格按操作法进行操作，杜绝发生事故的根源，完成好本岗位的生产任务。

岗位操作法一般包括本岗位的基本任务、工艺流程概述、所管设备、操作程序及步骤、生产工艺指标、异常情况及其处理、巡回检查制度及交接班制度、安全生产守则、操作人员守则等。

一、任务分组

表 1-6　任务 1.2 学生任务分配表

班级		组号		指导教师	
组长		教学任务		任务 1.2　现代化工生产操作岗位	
序号	姓名 / 小组		学号		任务分配
1					
2					
3					
4					
5					
6					

二、任务实施

在校学生进入化工企业岗位前，以生产性实训装置进行岗位职责培训，识读操作规程及岗位操作法，对化工生产的操作规范认识由抽象转为具体，应用操作规程、操作法指导实施开停车生产操作，培养高素质、高技能化工操作人才走上工作岗位。

按照具体实施步骤填写表 1-7。

表 1-7　任务 1.2 实施工单

工作任务	任务 1.2　现代化工生产操作岗位		
实施步骤			
序号	实施内容	注意事项	负责人
1	了解现代化工生产操作岗位基本知识： （1）现代化工生产方式变化趋势是怎样的？ （2）现代化工生产主要以什么方式来进行操作控制？ （3）操作规程的作用是什么？ （4）岗位操作的作用是什么？		

序号	实施内容	注意事项	负责人
2	能以生产性实训装置为例，写出总控工岗位的职责范围和要求。 （1）总控岗位职责范围及要求：＿＿＿＿＿＿＿＿＿＿＿＿＿＿＿＿＿＿＿＿＿＿＿＿＿＿＿＿＿ （2）现场巡检岗位职责范围及要求：＿＿＿＿＿＿＿＿＿＿＿＿＿＿＿＿＿＿＿＿＿＿＿＿＿＿	以生产性实训装置为例，参考本项目任务1.3中《化工总控工职业标准》	
3	能以生产性实训装置为例，识读并写出操作规程包括哪些方面；能以生产性实训装置为例，识读并写出岗位操作法包括的内容。 （1）操作规程包括：＿＿＿＿＿＿＿＿＿＿＿＿＿＿＿＿＿＿＿＿＿＿＿＿＿＿＿＿＿ （2）岗位操作法包括：＿＿＿＿＿＿＿＿＿＿＿＿＿＿＿＿＿＿＿＿＿＿＿＿＿＿＿＿＿＿＿＿	本项目中，主要以识读了解为目标，在项目7中将依据操作规程进行实际操作	

示范展示

展示任务	展示要求
现代化工生产操作岗位基本知识的了解情况	随机抽取同学，分享自己所学和所思
以生产性实训装置为例，写出总控工岗位的职责范围和要求	小组推选一人，向全班同学分析讲解总控工岗位的职责范围和要求
能以生产性实训装置为例，识读并写出操作规程、岗位操作法包括的内容	小组推选一人，向全班同学分析讲解实训装置操作规程、岗位操作法包括的内容

三、任务评价

表 1-8　任务 1.2 评价表

自我评价		
评价项目	评价标准	得分
理论知识	A. 90～100 分	
实践技能	B. 80～90 分 C. 70～80 分	
成果展示	D. 60～70 分 E. 0～60 分	
合计		

小组评价		
评价项目	标准	得分
计划合理		
方案合理		
团队合作		
组织有序		
工作质量	优（8分） 良（7分） 中（6分） 差（4分）	
工作效率		
工作完整		
工作规范		
识读报告		
成果展示		
合计		

教师评价				
评价任务	评价标准		分值	得分
考勤（10%）	无无故迟到、早退、旷课		10	
工作过程 （60%）	应知	能完成应知任务，正确描述相关知识概念、工程术语，并能初步应用于实践中	10	
	应会	能正确完成应会操作任务，能理解操作步骤的原理和目标	10	
	工作态度	态度端正、工作认真、主动	5	
	协调能力	与小组成员之间能合作交流，协调工作	5	
	职业素质	能做到安全生产，文明工作，保护环境，爱护公共设施	5	

项目成果 （30%）	工作完整	能按时完成任务	5	
	工作规范	按任务要求执行	5	
	语言图文汇报	交流顺畅、资料完整	20	
	现场操作展示	操作准确、知行合一	25	
合计			100	
综合评价				
自评（20%）	小组互评（30%）	教师评价（50%）	综合得分	

四、总结反思

根据评价结果，总结自我不足。

任务 1.3 现代化工操作工职业能力要求

● 职业技能目标

表 1-9 《化工总控工职业标准》（四级 / 中级工）

序号	职业功能	工作内容	技能要求
1	1. 生产准备	1.1 工艺文件准备	能识读和分析《化工总控工职业标准》（四级 / 中级工）技能要求

● 学习目标

知识目标

1. 了解化工行业通用能力、化工特定职业能力、职业核心能力。
2. 分析《化工总控工职业标准》的职业功能。
3. 分析《化工总控工职业标准》的职业功能对应的工作内容。

能力目标

能加工企业对操作工职业能力关注度调查表，对自己的职业能力做相应评估。

素质目标

具备化工生产遵章守纪的职业道德。

● 任务导入

现代化工装置向大型化、现代化和自动化方向发展，对化工操作工提出越来越严格的要求，必须是具备高素质和高技能的实用型人才，才能适应企业岗位需求。

现代化工生产企业的典型工作岗位是化工总控工，本书即是以学校生产性实训装置为载体，以化工总控工（中级）职业标准为能力目标，将职业技能和相关知识的学习融入解决实际生产任务中"做中学、学中做"。

以学校实训装置化工总控工开车过程为任务，培养完成任务需要的技能，通过项目 1 现代化工装置生产操作技能要求、项目 2 化工识图准备、项目 3 化工仪表及自动化系统准备、项目 4 公用工程系统准备、项目 5 化工装置原始开车设备检查、项目 6 化工装置的联动试车、项目 7 化工装置投料试生产，完成实训装置的化工识图、开车设备及仪表检查准备、公用工程系统检查准备、系统开车、运行操作、停车、事故判断与处理等学习训练，初步具备化工总控工的上岗的职业技能要求。

● 任务描述

1. 以表 1-10 企业对操作工职业能力关注度调查表为例，对自己的职业能力做相应评估。
2. 以表 1-11《化工总控工职业标准》（四级 / 中级工）为例，对自己技能点掌握情况做相应评估。

● 课前预习

1. 你能分析现代化工操作工特定职业能力、行业通用能力和职业核心能力吗？

2. 你如何理解《化工总控工职业标准》表中"职业功能""工作内容"与"技能要求""相关知识要求"之间的逻辑关系？

● 知识准备

一、现代化工操作工职业能力分析

1. 现代化工企业对操作工职业能力要求

由于现代化工装置向大型化、现代化和自动化方向发展，从而对化工操作工提出越来越严格的要求。这主要表现在三个方面的变化趋势：变化趋势一：智力技能操作，现代化程度和技术含量较高，DCS、联锁逻辑操作。变化趋势二：多种技能复合，工艺技能同时复合设备、电气、仪表、分析及安全环保等知识与技能。变化趋势三：核心能力突出，自我学习、职业兴趣和团队合作等软指标成为企业关注首选标准。

现代化工操作工必须是具备高素质和高技能的实用型人才，企业对操作工职业能力的关注度见表1-10。

表1-10　企业对操作工职业能力关注度调查表

序号	调查项目	要求
1	学习能力	84.7%
2	解决问题的能力	88.4%
3	敬业精神和责任心	91.6%
4	劳动安全和保护意识	90.2%
5	机器设备操作技能	74.0%
6	对化工知识的理解和掌握	73.0%
7	独立工作能力	82.1%
8	合作能力	78.3%
9	质量意识	82.7%
10	普通文化知识	39.9%
11	计算机使用能力	55.4%
12	具有适应性现代化设备的能力	70.2%

2. 现代化工操作工职业能力分析

现代化工操作工职业能力可分解为以下三个部分的能力：

（1）特定职业能力。特定职业能力是指化工操作工对某套生产装置的操作能力。 例如，合成氨装置操作工对异常现象的应急处理、工艺纪律的意识、DCS 系统操作和装置开停车操作等能力。特定职业能力是进行岗位操作，完成工作任务所必须具备的能力，它是建立在行业通用能力和专业核心能力基础之上的特定职业能力。

（2）行业通用能力。行业通用能力是指化工操作工应具备的化工行业工艺操作通用能力。例如，SHEQ（安全、健康、环保、质量）知识、化工单元操作知识和能力、化工知识（化工识图、工艺计算、工艺知识、化工设备）、经济核算等行业通用的基础能力。随着不断学习、操作经验的积累和职业技能等级的提高，行业通用能力将逐渐增强，职业生涯不断进步。

（3）职业核心能力。职业核心能力是指作为职业人应具备的基本职业素质和能力。例如，敬业精神和责任心、自我学习能力、团队合作能力、普通文化知识、计算机使用能力和语言交流能力等。

二、化工总控工国家职业标准

为促进化工操作工技术培训，从化工操作工岗位群的职业能力共性出发，化工厂通常选择《化工总控工职业标准》作为培训内容和目标。

《化工总控工职业标准》的编制是以职业功能为主线，提出相应的工作内容和技能要求、相关知识要求。例如，中级工职业标准的职业功能包括生产准备、生产操作、事故判断与处理及设备维护与保养。生产准备阶段的工作内容有工艺文件准备、防护用品准备、设备与动力准备和物料准备。其中，工艺文件的准备工作应具备识读与绘制工艺流程图、设备结构图、工艺配管图等技能，识记工艺技术规程的技能，并且掌握相应的知识。

以尿素生产装置入岗培训为例，学习者要达到化工总控工职业标准要求，应将职业技能和相关知识的学习融入解决实际生产任务中。通过尿素装置的工艺流程描述、工艺识图、设备识图、开车设备检查及相关系统检查、系统开车、运行操作、停车、事故判断与处理等学习训练，具备上岗的职业知识和技能。

化工总控工职业标准要求包括"应知"和"应会"两部分，即理论知识和操作技能部分。操作技能对初级、中级、高级、技师的要求依次递进，高级别涵盖低级别的要求。本书主要以《化工总控工职业标准》（四级／中级工）为学习目标，见表1-11。

表1-11　《化工总控工职业标准》（四级／中级工）

职业功能	工作内容	技能要求	相关知识要求
1. 生产准备	1.1 工艺文件准备	1.1.1 能绘制工艺流程图 1.1.2 ★能识读带控制点的工艺流程图 1.1.3 能识记工艺技术规程、安全技术规程和操作法 1.1.4 能识记污染源、危险源及控制方法 1.1.5 能识读质量、环境及职业健康安全管理体系文件 1.1.6 ★能识记应急处置方案	1.1.1 工艺流程图绘制知识 1.1.2 带控制点的工艺流程图识读知识 11.3 环境及安全风险辨识及控制知识 1.1.4 质量、环境、职业健康安全管理体系知识 1.1.5 安全、环保应急知识

职业功能	工作内容	技能要求	相关知识要求
1.生产准备	1.2 防护用品准备	1.2.1 能对劳动防护用品的配置提出建议 1.2.2 能检查劳动防护用品的佩戴和使用情况 1.2.3 能检查应急物品使用情况	1.2.1 职业病危害因素的特性及保护知识 1.2.2 职业健康管理知识 1.2.3 应急物品使用知识
	1.3 设备与动力准备	1.3.1 能完成设备单机试车 1.3.2 ★能确认盲板抽堵状态 1.3.3 ★能确认安全阀、爆破膜等安全附件处于备用状态 1.3.4 能确认设备、电器、仪表具备开车条件	1.3.1 设备单机试车知识 1.3.2 盲板抽堵知识 1.3.3 安全阀、爆破膜等安全附件使用知识
	1.4 物料准备	1.4.1 能引入冷、热媒等介质 1.4.2 能确认原、辅料质量符合要求 1.4.3 能将原、辅料引入装置	1.4.1 冷、热媒等介质引入操作知识 1.4.2 原、辅料质量指标、工艺指标 1.4.3 原、辅料引入的操作知识
2.生产操作	2.1 开车操作	2.1.1 ★能按指令完成正常开车 2.1.2 能将工艺参数调节至正常指标范围 2.1.3 能计算投料配比	2.1.1 装置开车操作法 2.1.2 工艺参数调节方法 2.1.3 物料配比计算知识
	2.2 运行操作	2.2.1 ★能根据工艺变化调节工艺参数 2.2.2 能根据分析结果调节工艺参数 2.2.3 能识读班组经济核算结果 2.2.4 能进行转化率、收率、产率等计算	2.2.1 分析检验单识读知识 2.2.2 班组经济核算结果识读知识 2.2.3 转化率、收率、产率等知识
	2.3 停车操作	2.3.1 ★能按指令完成停车 2.3.2 能完成设备和管线的安全隔离 2.3.3 能完成机泵、容器等设备和管线的倒空、置换、清洗等 2.3.4 ★能按操作法处置"三废"	2.3.1 装置停车操作法 2.3.2 设备和管线安全隔离的知识 2.3.3 设备和管线倒空、置换、清洗操作方法 2.3.4 "三废"处置方法
3.故障判断与处理	3.1 故障判断	3.1.1 能判断断料、跑料、串料等工艺事故 3.1.2 能判断停水、停电、停汽等突发事故 3.1.3 能判断换热器堵塞、物料偏流等故障 3.1.4 能判断导致联锁动作的原因 3.1.5 能判断计量偏离、温度计失灵等仪表故障 3.1.6 能判断中间品、产品质量异常 3.1.7 能识别高处坠落、灼烫、物体打击等事故隐患 3.1.8 ★能判断"三废"排放异常	3.1.1 装置运行参数知识 3.1.2 停水、停电、停汽等事故的判断知识 3.1.3 仪表、电器异常判断知识 3.1.4 联锁设定知识 3.1.5 产品质量标准 3.1.6 污染物排放标准

职业功能	工作内容	技能要求	相关知识要求
3.故障判断与处理	3.2 故障处理	3.2.1 能处理温度、压力、液位、流量等工艺参数异常 3.2.2 能处理断料、跑料、串料等工艺事故 3.2.3 ★能处理停水、停电、停汽等突发事故 3.2.4 能处置"三废"排放指标异常	3.2.1 温度、压力、液位、流量等工艺参数异常处理方法 3.2.2 断料、跑料、串料等工艺事故处理方法 3.2.3 公用工程异常处理方法 3.2.4 "三废"排放指标异常处置方法
4.设备维护与保养	4.1 设备维护	4.1.1 能监护设备、管线、阀门等的检修 4.1.2 能落实现场压力、温度、液位等仪表交出检修的安全措施 4.1.3 能发现设备维护中存在的问题	4.1.1 设备、仪表、电器检修的安全知识 4.1.2 设备检修知识 4.1.3 高处、动火、受限空间等特殊作业知识
	4.2 设备保养	4.2.1 能检查设备和管线的保温、防冻、防凝、防腐等 4.2.2 能完成机泵放油和清洗 4.2.3 能完成润滑油过滤	4.2.1 设备和管线保温、防冻、防凝、防腐知识 4.2.2 设备润滑管理规定及润滑方法 4.2.3 润滑油过滤方法

● **任务实践**

一、任务分组

表 1-12　任务 1.3 学生任务分配表

班级		组号		指导教师	
组长		教学任务	任务 1.3　现代化工操作工职业能力要求		
序号	姓名 / 小组		学号	任务分配	
1					
2					
3					
4					
5					
6					

二、任务实施

　　课程的首要任务是明确企业岗位对职业能力的要求，然后对照要求评估自己的现状，找出差距，在后续课程中有的放矢。

按照具体实施步骤填写表 1–13。

表 1–13　任务 1.3 实施工单

工作任务	任务 1.3　现代化工操作工职业能力要求		
实施步骤			
序号	实施内容	注意事项	负责人
1	了解化工总控工职业能力基本知识。 （1）化工行业通用能力包括哪些？ （2）化工特定职业能力是指什么？请举例说明。 （3）职业核心能力包括哪些？ （4）化工总控工职业标准的职业功能包括哪些？ （5）化工总控工职业标准的职业功能对应的工作内容包括哪些？		
2	以企业对操作工职业能力关注度调查表为例，对自己的职业能力做相应评估。 企业对操作工职业能力关注度调查及自我评估表 	序号	调查项目	要求	自我评估打分
1	学习能力	84.7%	
2	解决问题的能力	88.4%	
3	敬业精神和责任心	91.6%	
4	劳动安全和保护意识	90.2%	
5	机器设备操作技能	74.0%	
6	对化工知识的理解和掌握	73.0%	
7	独立工作能力	82.1%	
8	合作能力	78.3%	
9	质量意识	82.7%	
10	普通文化知识	39.9%	
11	计算机使用能力	55.4%	
12	具有适应性现代化设备的能力	70.2%			以企业对操作工职业能力调查项目，对自己评估打分，对照企业要求找差距	

序号	实施内容	注意事项	负责人
3	以表《化工总控工职业标准》四级/中级工为例，对自己技能点掌握情况做相应的自我评估：	以《化工总控工职业标准》四级/中级工为例，了解《化工总控工职业标准》有哪些技能要求，并对照自己掌握的程度评估打分，明确进步的目标	

《化工总控工职业标准》四级/中级工

职业功能	工作内容	技能要求	自我评估打分
1.生产准备	1.1 工艺文件准备	1.1.1 能绘制工艺流程图 1.1.2 ★能识读带控制点的工艺流程图 1.1.3 能识记工艺技术规程、安全技术规程和操作法 1.1.4 能识记污染源、危险源及控制方法 1.1.5 能识读质量、环境及职业健康安全管理体系文件 1.1.6 ★能识记应急处置方案	
	1.2 防护用品准备	1.2.1 能对劳动防护用品的配置提出建议 1.2.2 能检查劳动防护用品的佩戴和使用情况 1.2.3 能检查应急物品使用情况	
	1.3 设备与动力准备	1.3.1 能完成设备单机试车 1.3.2 ★能确认盲板抽堵状态 1.3.3 ★能确认安全阀、爆破膜等安全附件处于备用状态 1.3.4 能确认设备、电器、仪表具备开车条件	
	1.4 物料准备	1.4.1 能引入冷、热媒等介质 1.4.2 能确认原、辅料质量符合要求 1.4.3 能将原、辅料引入装置	
2.生产操作	2.1 开车操作	2.1.1 ★能按指令完成正常开车 2.1.2 能将工艺参数调节至正常指标范围 2.1.3 能计算投料配比	
	2.2 运行操作	2.2.1 ★能根据工艺变化调节工艺参数 2.2.2 能根据分析结果调节工艺参数 2.2.3 能识读班组经济核算结果 2.2.4 能进行转化率、收率、产率等计算	
	2.3 停车操作	2.3.1 ★能按指令完成停车 2.3.2 能完成设备和管线的安全隔离 2.3.3 能完成机泵、容器等设备和管线的倒空、置换、清洗等 2.3.4 ★能按操作法处置"三废"	

序号	实施内容			注意事项	负责人
3	3. 故障判断与处理	3.1 故障判断	3.1.1 能判断断料、跑料、串料等工艺事故 3.1.2 能判断停水、停电、停气等突发事故 3.1.3 能判断换热器堵塞、物料偏流等故障 3.1.4 能判断导致联锁动作的原因 3.1.5 能判断计量偏离、温度计失灵等仪表故障 3.1.6 能判断中间品、产品质量异常 3.1.7 能识别高处坠落、灼烫、物体打击等事故隐患 3.1.8 ★能判断"三废"排放异常	以《化工总控工职业标准》四级/中级工为例，了解《化工总控工职业标准》有哪些技能要求，并对照自己掌握的程度评估打分，明确进步的目标	
		3.2 故障处理	3.2.1 能处理温度、压力、液位、流量等工艺参数异常 3.2.2 能处理断料、跑料、串料等工艺事故 3.2.3 ★能处理停水、停电、停气等突发事故 3.2.4 能处置"三废"排放指标异常		
	4. 设备维护与保养	4.1 设备维护	4.1.1 能监护设备、管线、阀门等的检修 4.1.2 能落实现场压力、温度、液位等仪表交出检修的安全措施 4.1.3 能发现设备维护中存在的问题		
		4.2 设备保养	4.2.1 能检查设备和管线的保温、防冻、防凝、防腐等 4.2.2 能完成机泵放油和清洗 4.2.3 能完成润滑油过滤		
4	以实训装置生产数据为例，计算生产运行的转化率、收率、产率等，进行班组经济核算，提出节能降耗建议			以某一原料或辅助材料及动力等项消耗为例计算消耗定额，如原料、电、循环水、蒸汽等	

示范展示	
展示任务	展示要求
化工总控工职业能力的了解情况	随机抽取同学，分享自己所学和所思

展示任务	展示要求
以企业对操作工职业能力关注度调查表为例，做相应自我评估表	小组推选一人，向全班同学分析讲解自己如何理解企业对操作工职业能力关注度调查表，自我评估打分的依据
《化工总控工职业标准》表自我评估	小组推选一人，向全班同学分析讲解自己如何理解《化工总控工职业标准》表，自我评估打分的依据

三、任务评价

表 1-14　任务 1.3 评价表

自我评价		
评价项目	评价标准	得分
理论知识	A. 90～100 分	
实践技能	B. 80～90 分 C. 70～80 分	
成果展示	D. 60～70 分 E. 0～60 分	
合计		
小组评价		
评价项目	标准	得分
计划合理		
方案合理		
团队合作		
组织有序		
工作质量	优（8 分）	
工作效率	良（7 分） 中（6 分）	
工作完整	差（4 分）	
工作规范		
识读报告		
成果展示		
合计		
教师评价		

评价任务	评价标准	分值	得分
考勤（10%）	无无故迟到、早退、旷课	10	

工作过程（60%）	应知	能完成应知任务，正确描述相关知识概念、工程术语，并能初步应用于实践中	10	
	应会	能正确完成应会操作任务，能理解操作步骤的原理和目标	10	
	工作态度	态度端正、工作认真、主动	5	
	协调能力	与小组成员之间能合作交流，协调工作	5	
	职业素质	能做到安全生产，文明工作，保护环境，爱护公共设施	5	
项目成果（30%）	工作完整	能按时完成任务	5	
	工作规范	按任务要求执行	5	
	语言图文汇报	交流顺畅、资料完整	20	
	现场操作展示	操作准确、知行合一	25	
合计			100	

综合评价			
自评（20%）	小组互评（30%）	教师评价（50%）	综合得分

四、总结反思

根据评价结果，总结自我不足。

项目 2
化工识图准备

▶ ▶ ▶ ▶ ▶ ▶

项目描述

化工技术资料中化工工艺包是化工生产的核心，包括说明书、工艺流程图（PFD）、管道仪表流程图（PID）、设备布置图、工艺设备一览表、工艺设备数据表、催化剂及化学品汇总表、取样点汇总表、安全手册、操作手册、物性数据手册及有关的计算书。要识读这些技术资料，必须具备化工识图的能力。

本项目依据《化工总控工职业标准》技能点，以实训装置为例，通过完成任务 2.1 识读化工设备图、任务 2.2 识读化工设备布置图、任务 2.3 识读化工工艺图的学习训练，达到能正确熟练识图的职业能力要求。

项目分析

从化工识图基础知识学习出发，结合实训装置化工图学习训练识图，达到《化工总控工职业标准》化工识图职业能力。

1. 了解化工设备结构的基本特点，化工设备图的表达方法，能识读实训装置化工设备图、设备布置图。

2. 了解三种工艺流程图的设计，能识读实训装置方案流程图、物料流程图（简称 PFD）和工艺管道及仪表流程图（简称 PID）。

3. 识读实训装置化工设备图和工艺流程图，特别是工艺管道及仪表流程图（简称 PID）。识读化工工艺管道及仪表流程图是工艺操作人员的基本功，也是上岗的必备条件。开始识读时会感到困难，主要原因是设备、管道阀门及仪表的图形符号较多，需经过反复识读提高熟练程度。

任务 2.1 识读化工设备图

● 职业技能目标

表 2-1 《化工总控工职业标准》(五级/初级工)

序号	职业功能	工作内容	技能要求
1	1. 生产准备	1.1 工艺文件准备	1.1.2 能识读反应器、吸收塔、精馏塔、压缩机等设备结构图

● 学习目标

知识目标

1. 了解化工生产对化工设备基本要求。

2. 归纳化工设备装配图表达的内容。

3. 分析带控制点的工艺流程图标识。

能力目标

能熟练使用管口表、零部件表识读化工设备。

素质目标

形成化工生产的安全、环保、节能及劳动卫生防护职业素养。

● 任务导入

化工装置是由机械设备、仪表及自动化、电气设备等构成的,通过化工操作工的操作和维护来实现生产任务,故化工操作工应掌握化工装置所有部件的知识和技能。通过识读化工装置设备图,了解化工设备的结构和工作原理,操作维护运行好设备,能正确分析处理生产过程的设备故障。

图 2-1 所示为乙醛氧化生产醋酸反应器氧化塔示意图。该塔是一个空塔,设备结构简单,位于塔外的冷却器为列管式热交换器,其制造检修远比内冷却型氧化塔方便。乙醛和醋酸锰是在塔中上部加入的,氧气分数段加入。氧化液由塔底抽出送入塔外冷却器进行冷却,移走反应热后再循环回氧化塔。氧化液溢流口高于循环液进口约1.5 m,循环液进口略高于原料乙醛进口。

如图 2-1 所示,氧化塔只是一个示意图,若结合识读氧化塔设备装配图,可进一步详细了解设备名称、规格、绘图比例、零部件等,有助于理解设备结构和工作原理;

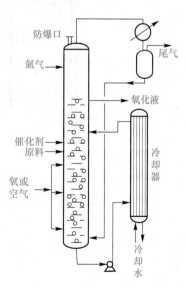

图 2-1 氧化塔示意

阅读设备管口表、技术特性表，可帮助了解管口位置、管口大小、物料及走向、仪表安装、设备特性数据等信息。

● **任务描述**

1. 识读甲醇合成反应器（图 2-2）管口表及零部件表

查阅甲醇合成反应器管口表（表 2-2），在甲醇合成反应器顶部（图 2-2）上的管口符合处标注出管口的"用途"；查阅甲醇合成反应器零部件表（表 2-3），在甲醇合成反应器顶部（图 2-2）上的件号处标注出零部件名称。

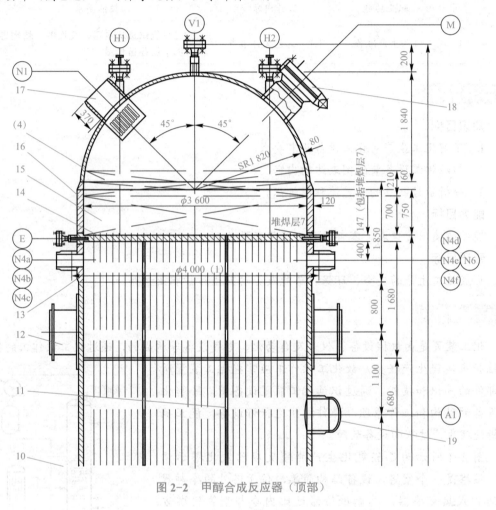

图 2-2　甲醇合成反应器（顶部）

表 2-2　甲醇合成反应器管口表

符号	公称尺寸	公称压力	法兰标准	密封画形式	密封画至设备中心距	用途
N1	600	—	—	—	见图	反应气进口
N2	600	15.0	HG20615 WN	RJ	见图	反应气出口
N3a ～ f	125	—	—	—	2 150	沸水进口

符号	公称尺寸	公称压力	法兰标准	密封画形式	密封画至设备中心距	用途
N4a～f	250	—	—	—	2 150	蒸汽出口
N5a～c	250	15.0	HG20615 WN	RJ	见图	催化剂和出口(带盲法兰)
N6	150	11.0	HG20615 WN	RJ	2 150	热水出口
N7a，b	250	—	—	—	见图	入水口
N8	150	11.0	HG20615 WN	RJ	2 650	蒸汽入口
V1	32	15.0	HG20615 WN	RJ	见图	管程排气口(带盲法兰)
E	32	11.0	HG20615 WN	RJ	2 090	壳程排气口(带盲法兰)
F	32	11.0	HG20615 WN	RJ	2 090	壳程排污口(带盲法兰)
M	500	—	—	—	见图	人孔
A1，2	450	—	—	—	见图	检查孔
H1，2	15	15.0	HG20615 WN	RJ	见图	热电偶插入口

表 2-3 甲醇合成反应器零部件表

件号	图号或标准号	名称	数量	材料	单 质量/kg	总 质量/kg	备注
22		反应气出口管	1	—	—	2 781	—
21		支撑件	1	16MnR	—	1 660	—
20		下管板	1	20MnMo IV	—	6 770	堆焊 7 mm
19		检查孔	2	—	350	700	—
18		人孔	1	—	—	1 500	—
17		反应气进口管	1	—	—	730	—
16		筒体 $DN3\,600$ $t=120$ $H=767$	1	20MnMoNi55	—	8 444	—
15		钢筋催化剂 NC306	42.4 m³	—	—	67 840	—
14		上管板	1	20MnMo IV	—	6 770	堆焊 7 mm
13		筒体 $DN3\,600$ $t=120$ $H=843$	1	20MnMoNi55	—	9 280	—

件号	图号或标准号	名称	数量	材料	单 质量 /kg	总 质量 /kg	备注
12	HG/T 21574-2018	吊耳 AXC-150-800	2	16MnR	662.8	1 326	
11		换热管 $\phi44\times2$ $L=7\,000$	4 004	SAF2205	14.56	58 298	
10		支撑板 $t=30$	3	16MnR	810	2 430	
9		筒体 $DN3\,600$ $t=70$ $H=5\,093$	1	20MnMoNi55		32 267	
8		筒体 $DN3\,600$ $t=120$ $H=660$	1	20MnMoNi55		7 298	
7		环管	1	16Mn		2 300	
6		筒体 $DN3\,600$ $t=120$ $H=697$	1	20MnMoNi55		7 673	
5		球形封头 $t=80$	2	15CrMoR	13 213	26 426	
4		耐火球 $\phi8$	3.5 m²	Al_2O_3		9 450	
3		耐火球 $\phi16$	6 m²	Al_2O_3		16 200	
2		筒体 $DN3\,690$ $t=30$	1	16MnR		2 345	
1		底板 $t=80$	1	16MnR		1 309	

2. 识读化工设备图

识读实训装置反应器设备结构图、吸收塔设备结构图、精馏塔设备结构图、压缩机设备结构图。

● 课前预习

1. 化工生产对化工设备有哪些基本要求？
2. 化工设备装配图表达的内容有哪些？
3. 化工设备部件图中的零件序号和明细表表达哪些内容？

● 知识准备

1. 化工设备概述

（1）化工机械分类。化工机械是化工生产中所用的机器和设备的总称。化工生产中为了将原料加工成一定规格的成品，往往需要经过原料预处理、化学反应及反应产物的分离和精制等一系列化工过程，实现这些过程所用的机械，被划归为化工机械。

化工机械通常可分为以下两大类：

①化工机器，是指主要作用部件为运动的机械，如各种泵、压缩机、风机、过滤机、破碎机、离心分离机、旋转窑、搅拌机、旋转干燥机等。

②化工设备，是指主要作用部件是静止的或只有很少运动的机械，如各种容器（槽、罐、釜等）、普通窑、塔器、反应器、换热器、普通干燥器、蒸发器、反应炉、电解槽、结晶设备、传质设备、吸附设备、流态化设备、普通分离设备及离子交换设备等。

化工设备是化工生产装置的重要组成部分，学习化工设备的性能、作用、结构和技术指标等内容，为生产操作、事故判断、检修和技改、操作规程和试车方案的制定提供技术依据。

化工生产所需的设备虽多，但典型设备有容器、塔器、换热器和反应器等类型。

容器主要用来贮存物料，常见的形状有立式或卧式的圆柱形与球形等。

塔器主要用于吸收、精馏等化工单元操作。常见的形状是直立式多段圆柱体，塔高与塔径之比相差较大。换热器主要用于进行两种不同温度物料（液体或气体）的换热，使其达到加热、冷凝或冷却的目的。常见的有列管式换热器等。反应器是用来使物料在其中进行化学反应或使物料进行搅拌等单元操作的设备，这类设备通常带有搅拌装置。

（2）化工设备结构的基本特点。化工设备的结构、形状、大小虽各有不同，但从典型设备的分析中，可归纳为以下特点：

①立体结构和零部件的形状，多为圆柱、圆锥、圆球等回转体。

②薄壁结构较多，设备总体尺寸与壳体壁厚或其细部结构尺寸相比，往往相差很大。

③壳体在不同的轴向位置和同向方位上开孔与接管较多。

④广泛采用标准化、通用化的零部件和焊接结构。

⑤为适应化工生产的耐化学腐蚀、耐高温、高压等条件，设备往往采用特殊材料制作。

（3）化工设备中常用的标准零部件画法。化工设备中的通用零部件有容器上筒体、封头、手孔、管法兰、支座、液位计等。这些零部件基本已标准化，标准中分别规定了在各种条件下（温度、压力）的结构形状和各部分的尺寸，应用时可查标准。部分零部件有关内容介绍如下：

①筒体画法。筒体是化工设备的主体部分，以圆柱形筒体应用最广。筒体一般由钢板卷焊成型，其大小由工艺要求确定。筒体的主要尺寸是直径、高度（或长度）和壁厚。当直径小于 500 mm 时，可用无缝钢管作筒体。直径和高度（或长度）根据工艺要求确定，壁厚由强度计算决定，筒体直径应在国家标准《压力容器公称直径》（GB/T 9019—2015）所规定的尺寸系列中选取。

塔、换热器及贮罐等设备，使用断开画法，如图 2-3 所示。如内部结构仍未表达清楚，可将某塔节（层）用局部放大的方法

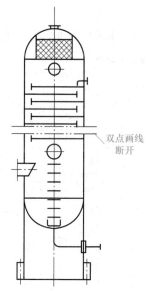

双点画线断开

图 2-3 塔设备画法

表达。如设备总体形象表达不完整时，可用缩小比例、单线条画出设备的整体外形图或剖视图。在整体图上，应标注总高尺寸、各主要零部件的定位尺寸及各管口的标高尺寸。塔盘应按顺序从下至上编号，且应注明塔盘间距尺寸。

②封头画法。封头是设备的重要组成部分，它与筒体一起构成设备的壳体。常见的封头形式有椭圆形、球形、碟形、锥形及平板等，最常用的是椭圆形封头。如图 2-4 所示，当筒体由钢板卷制时，封头的公称直径为内径；由无缝钢管作筒体时，封头的公称直径为外径。

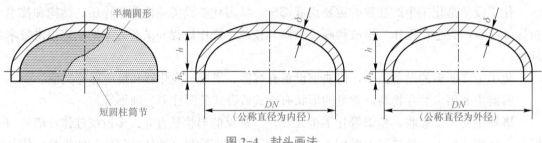

图 2-4 封头画法

③人孔与手孔画法。为了便于检修或清洗设备内部，在设备上开设一个孔，称为人孔或手孔。人孔、手孔的基本结构相同，通常是在所开设的孔上，焊接一个带有法兰的短筒节，再盖上有把手的孔盖，如图 2-5 所示。

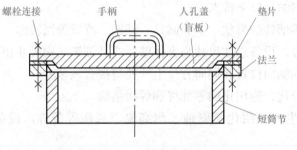

图 2-5 人孔画法

④液位计画法。可用点画线示意表达，并用粗实线画出"＋"符号表示其安装位置，如图 2-6 所示。

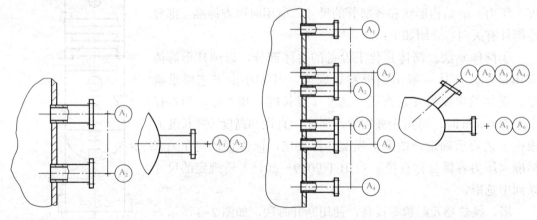

图 2-6 液位计的画法和标注

⑤有规律分布的重复结构画法如图 2-7 ～图 2-9 所示。

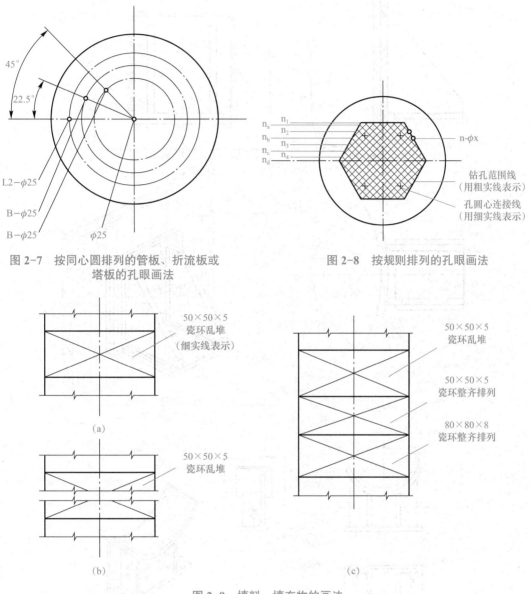

图 2-7　按同心圆排列的管板、折流板或
塔板的孔眼画法

图 2-8　按规则排列的孔眼画法

图 2-9　填料、填充物的画法
（a）、（b）同一规格和堆放方法；（c）不同规格堆放方法

⑥支座画法。支座用来支承设备的质量和固定设备的位置。根据所支承设备的不同，支座可分为立式设备支座、卧式设备支座和球形容器支座三大类。根据支座的结构形状、安放位置、载荷等不同情况，支座又可分为耳式支座、鞍式支座、腿式支座和支承式支座四种形式，并已形成标准系列。画法举例如图 2-10 和图 2-11 所示。

⑦补强圈画法如图 2-12 所示。

⑧吊柱画法如图 2-13 所示。

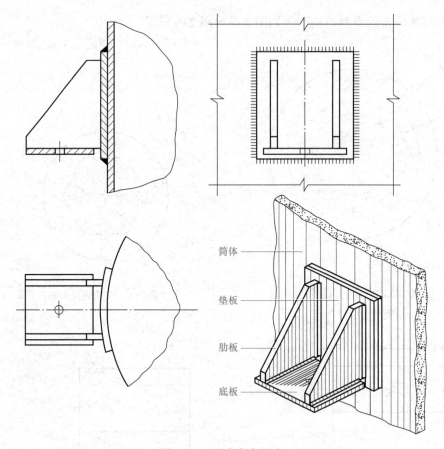

筒体

垫板

肋板

底板

图 2-10　耳式支座画法

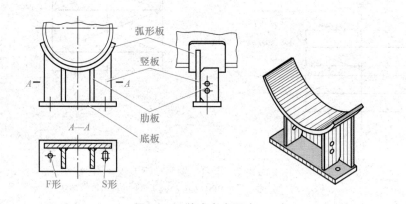

弧形板

竖板

A — A

肋板

底板

A—A

F形　S形

图 2-11　鞍式支座画法

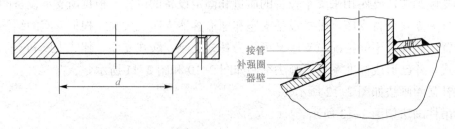

d

接管

补强圈

器壁

图 2-12　补强圈画法

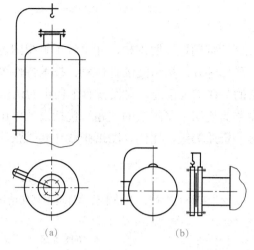

图 2-13　吊柱画法

(a) 吊柱；(b) 人孔吊柱

2. 化工设备图的表达方法

表达化工设备的形状、大小、结构和制造安装等技术要求的图样，称为化工设备图。其包括总装图（总图）、零部件图和设备图。

（1）识读化工设备图的基本要求。

①了解设备的性能、作用和工作原理。

②了解各零部件之间的装配关系和有关尺寸。

③了解设备零部件的形状、结构和作用，进而了解整个设备的结构。

④了解设备在设计、制造、检验和安装等方面的技术要求。

（2）化工设备图的基本内容。一张化工设备图应包括以下基本内容：

①绘有表达该设备的结构形状和零部件之间的装配连接关系的一组图形。

②标有表达设备的总体大小、规格、装配和安装时必要尺寸。

③设备上所有管口均用字母编号，并列出"管口表"，以说明各管口的尺寸、连接尺寸标准、用途等。

④列出设备的主要工艺特性的"技术特性表"，用文字说明设备在制作、安装等方面的技术要求。

⑤零部件的编号、明细表和标题栏。

（3）视图的表达方法。化工设备图在结构和性能方面具有它本身的特点，因此，在表达方法上与机械制图有所不同。例如，化工设备多用钢板卷制而成，一般来说体积较大，需要用缩小比例来绘制图样；而壁厚用偏小的比例，难以在图纸上画出，故采用夸大画法；局部细节难以看清，而采用局部放大的画法；设备中的重复件、标准件，如螺钉、螺母、液位计、手孔等，多采用示意图形或符号来表示；管束等重复件，只画一根，其余用细实线或点画线来表示，而不全部画出；设备上各方位的接管口，凡不能在主视图上表示出来的，需设想旋转一个角度，使之画在主视图上，而其真实方位则画在俯视图或左视图中。如果掌握了这些特点，就能轻松地看懂化工设备图。

3．识读化工设备图的方法和步骤

（1）概括了解。首先阅读标题栏、明细栏，并大致了解视图表达方案，从中了解设备名称、规格、绘图比例、零部件等；然后阅读管口表、技术特性表，并大致了解视图表达方案，从中概括了解设备的一些基本情况，对设备有个初步的认识。

①标题栏。标题栏主要为说明本张图纸的主题，包括设计单位名称、设备（项目）名称、本张图纸名称、图号、资质等级、比例、图纸张数（共　张、第　张）等。图纸标题栏如图 2-14 所示。

10	本图纸为××××工程公司财产，未经本公司许可不得转给第三者或复制								
10	××××工程公司				资质等级	×级	证书编号	×× ××	
8	项目	××××××××			20	12	15	13	
8	装置/工区	××××××××			图名	×××××× ××××			
8	2008北京	专业	比例 ×:×	第　张 共　张	图号	××××××××××××××××			
	12	6	14	7	7	14	12	48	

图 2-14　图纸标题栏

②明细栏。明细栏说明组成本张图纸的各部件的详细情况，如用于装配图及零件图的明细栏，如图 2-15 所示。

件号	图号或标准号	名称	数量	材料	单　总 质量	备注
15	30	55	10	30	20	20

图 2-15　装配图及零件图明细栏

③管口表。管口表是将本设备的各管口，用英文小写字母从上至下按顺序填入表中，以明确各管的位置和规格等，如图 2-16 所示（两个尺寸中，小尺寸用于工程图，大尺寸用于施工图，下同）。

④设计数据表。设计数据表是化工设备图的一个重要组成部分，补充替代了以往"技术特性表"。它将设备的主要设计、制造、使用的主要参数（设计压力、工作压力、设计温度、工作温度、各部件的材质、焊缝系数、腐蚀裕度、物料名称、容器类别及专用化工设备的接触物料的特性等）技术特性以列表供施工、检验、生产中执行，如图 2-17 所示。

			管口表					5
符号	公称尺寸	公称压力	连接标准	法兰形式	连接面形式	用途或名称	设备中心线至法兰面距离	8（10）
A	250	2	HG20615	WN	平面	气体进口	660	4（8）
B	600	2	HG20615	/	/	人孔	见图	
C	150	2	HG20615	WN	平面	液体进口	660	
D	50×50	/	/	/	平面	加料口	见图	
E	椭300×200	/	/	/	/	手孔	见图	
F_{1-3}	15	2	HG20615	WN	平面	取样口	见图	
G	20		M20		内螺纹	放静口	见图	
H	20/50	2	HG20615	WN	平面	回流口	见图	
10（15）	10（15）	10（15）	15（25）	8（20）	8（20）	20（40）		
				95（180）				

图 2-16　设备管口表

	设计数据表					10
规范						20
						10
	容器	夹套	压力容器类别			
介质			焊条型号	按《压力容器焊接规程》（NB/T 47015—2011）规定		
介质特性			焊接规程	按《压力容器焊接规程》（NB/T 47015—2011）规定		
工作温度/℃			焊缝结构	除注明外采用全焊透结构		
工作压力/MPaG			除注明外角焊缝腰高			
设计温度/℃			管法兰与接管焊缝标准	按相应法兰标准		
设计压力/MPaG			焊接接头类别	方法-检测率	标准-级别	
腐蚀裕量/mm			无损检测	A.B	容器	
焊接接头系数					夹套	
热处理				C.D	容器	
水压试验压力卧/立/MPaG					夹套	
气密性试验压力/MPaG			全容积/m³			
加热面积/m²			搅拌器形式			
保温/防火层厚度/mm			搅拌器转速			
表面防腐要求			电动机功率/防爆等级			
其他（按需填写）			管口方位			
50	40		50		40	

图 2-17　设备设计数据表

⑤技术要求。

a. 通用技术条件。通用技术条件是同类化工设备在加工、制造、焊接、装配、检验、包装、防腐、运输等方面的技术规范，已形成标准，在技术要求中直接引用。在书写时，只需注写"本设备按××××（具体写上某标准的名称及代号）制造、试验和验收"即可。

b. 焊接要求。化工设备的焊接工艺十分广泛，在技术要求中，通常对焊接接头形式，焊接方法，焊条（焊丝）、焊剂等提出要求。

c. 设备的检验。一般有对主体设备的水压和气密性进行试验，对焊缝的射线探伤，超声波探伤、磁粉探伤等，这些项目都有相应的试验规范和技术指标。

d. 其他要求。机械加工和装配方面的规定和要求，设备的油漆、防腐、保温（冷）、运输和安装、填料等要求。

e. 签署栏如图 2-18 所示。

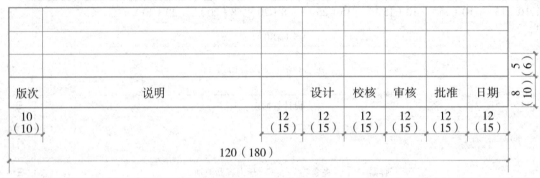

图 2-18　签署栏

（2）视图分析。通过读图，分析设备图上共有多少个视图，哪些是基本视图，还有哪些其他视图，各视图都采用了何种表达方法，各视图及表达方法的作用是什么等。

（3）零部件分析。以设备的主视图为中心，结合其他视图，对照明细栏中的序号，将零部件逐一从视图中找出，分析其结构、形状、尺寸，以及与主体或其他零部件的装配关系；对标准化零部件，应查阅相关的标准；同时，对设备图上的各类尺寸及代（符）号进行分析，搞清楚它们的作用和含义；了解设备上所有管口的结构、形状、数目、大小和用途，以及管口的周向方位、轴向距离、外接法兰的规格和形式等。

（4）检查总结。通过对视图和零部件的分析，按零部件在设备中的位置及给定的装配关系，加以综合想象，从而获得一个完整的设备形象；同时结合有关技术资料，进一步了解设备的结构特点、工作特性、物料的进出流向和操作原理等。

● **任务实践**

一、任务分组

表 2-4　任务 2.1 学生任务分配表

班级		组号		指导教师	
组长		教学任务		任务 2.1　识读化工设备图	

序号	姓名 / 小组	学号	任务分配
1			
2			
3			
4			
5			
6			

二、任务实施

识读设备结构图，应从识读化工设备图的方法和步骤入手，首先阅读标题栏、明细栏，并大致了解视图表达方案。从中了解设备名称、规格、绘图比例、零部件等；然后，阅读管口表、技术特性表，并大致了解视图表达方案，从中概括了解设备的一些基本情况，对设备有初步的认识。通过对视图和零部件的分析，按零部件在设备中的位置及给定的装配关系，加以综合想象，从而获得一个完整的设备形象；同时结合有关技术资料，进一步了解设备的结构特点、工作特性、物料的进出流向和操作原理等。

识读设备结构图是一项综合性任务，应遵循由简单到复杂的顺序安排学习过程，首先分别学习设备图相关知识，然后在甲醇合成反应器（图 2-2）上应用练习，再应用到实训装置设备中识读。

按照具体实施步骤填写表 2-5。

表 2-5　任务 2.1 实施工单

工作任务	任务 2.1　识读化工设备图		
	实施步骤		
序号	实施内容	注意事项	负责人
1	了解识图基本知识。 （1）化工生产对化工设备有什么基本要求？ （2）化工设备装配图表达的内容有哪些？ （3）化工设备装配图的尺寸标注了哪些尺寸？ （4）化工设备部件图中的零件序号和明细表表达哪些内容？ （5）化工设备装配图中的表与栏表达哪些内容？		

序号	实施内容	注意事项	负责人
2	识读甲醇合成反应器管口表。 在下图上标注管口及对应管口的"用途" 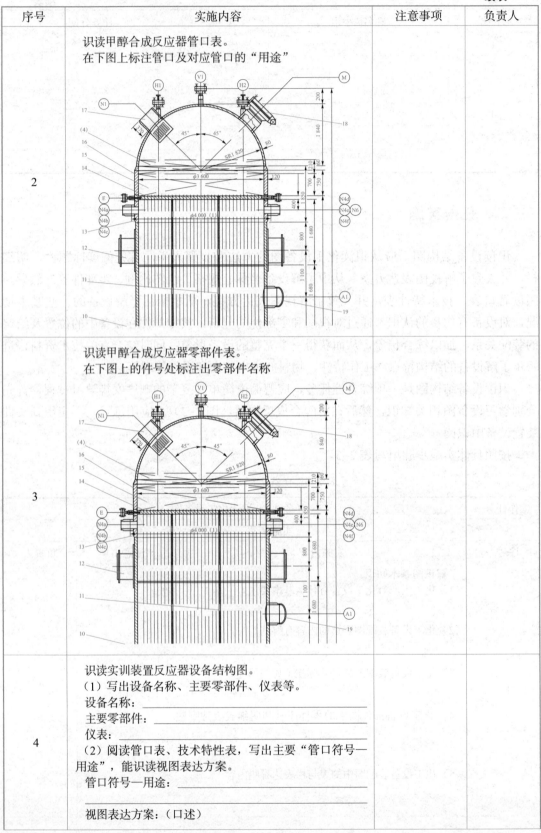		
3	识读甲醇合成反应器零部件表。 在下图上的件号处标注出零部件名称		
4	识读实训装置反应器设备结构图。 （1）写出设备名称、主要零部件、仪表等。 设备名称：_____ 主要零部件：_____ 仪表：_____ （2）阅读管口表、技术特性表，写出主要"管口符号—用途"，能识读视图表达方案。 管口符号—用途：_____ _____ 视图表达方案：（口述）		

序号	实施内容	注意事项	负责人
5	识读实训装置吸收塔设备结构图。 （1）写出设备名称、主要零部件、仪表等。 设备名称：_____ 主要零部件：_____ 仪表：_____ （2）阅读管口表、技术特性表，写出主要"管口符号—用途"，能识读视图表达方案。 管口符号—用途：_____ _____ 视图表达方案：（口述）		
6	识读实训装置精馏塔设备结构图。 （1）写出设备名称、主要零部件、仪表等。 设备名称：_____ 主要零部件：_____ 仪表：_____ （2）阅读管口表、技术特性表，写出主要"管口符号—用途"，能识读视图表达方案。 管口符号—用途：_____ _____ 视图表达方案：（口述）		
7	识读实训装置压缩机设备结构图。 （1）写出设备名称、主要零部件、仪表等。 设备名称：_____ 主要零部件：_____ 仪表：_____ （2）阅读管口表、技术特性表，写出主要"管口符号—用途"，能识读视图表达方案。 管口符号—用途：_____ _____ 视图表达方案：（口述）		

示范展示

展示任务	展示要求
识图基本知识的了解情况	随机抽取同学，分享自己所学和所思
识读甲醇合成反应器管口表、零部件表	小组推选一人，向全班同学分析讲解如何识读甲醇合成反应器的管口表、零部件表
识读实训装置反应器设备结构图、吸收塔设备结构图、精馏塔设备结构图、压缩机设备结构图	小组推选一人，向全班同学分析讲解实训装置反应器、吸收塔、精馏塔设备结构图

三、任务评价

表 2-6 　任务 2.1 评价表

自我评价		
评价项目	评价标准	得分
理论知识	A．90～100 分 B．80～90 分 C．70～80 分 D．60～70 分 E．0～60 分	
实践技能		
成果展示		
合计		
小组评价		
评价项目	标准	得分
计划合理		
方案合理		
团队合作		
组织有序		
工作质量	优（8 分） 良（7 分） 中（6 分） 差（4 分）	
工作效率		
工作完整		
工作规范		
识读报告		
成果展示		
合计		

教师评价				
评价任务		评价标准	分值	得分
考勤（10%）		无无故迟到、早退、旷课	10	
工作过程 （60%）	应知	能完成应知任务，正确描述相关知识概念、工程术语，并能初步应用于实践中	10	
	应会	能正确完成应会操作任务，能理解操作步骤的原理和目标	10	
	工作态度	态度端正、工作认真、主动	5	
	协调能力	与小组成员之间能合作交流，协调工作	5	

	职业素质	能做到安全生产，文明工作，保护环境，爱护公共设施	5	
项目成果（30%）	工作完整	能按时完成任务	5	
	工作规范	按任务要求执行	5	
	语言图文汇报	交流顺畅、资料完整	20	
	现场操作展示	操作准确、知行合一	25	
合计			100	
综合评价				

自评（20%）	小组互评（30%）	教师评价（50%）	综合得分

四、总结反思

根据评价结果，总结自我不足。

任务 2.2 识读化工设备布置图

表 2-7 《化工总控工职业标准》（五级／初级工）

序号	职业功能	工作内容	技能要求
1	1. 生产准备	1.1 工艺文件准备	1.1.5 能识记应急撤离路线图； 1.1.7 能识记有毒气体、可燃气体报警仪设置图

● 学习目标

知识目标

1. 理解化工设备布置图的作用。

2. 了解化工设备布置图的内容。

能力目标

1. 能熟练识读实训装置设备布置图。

2. 能熟练绘制装置应急撤离路线图。

3. 能熟练绘制实训装置有毒气体、可燃气体报警仪设置图。

素质目标

1. 增强团队意识和协作精神。

2. 具备资料查阅、信息检索和加工等自我学习能力。

● 任务导入

通过化工设备布置图，可以了解设备的空间位置、尺寸大小等，是设备安装、检修及技术改造时的依据。

设备布置时一般采用流程式布置，以满足工艺流程路径，保证工艺流程在水平和垂直方向的连续性。在不影响工艺流程路径的原则下，将同类型的设备或操作性质相似的有关设备集中布置，可以有效地利用建筑面积，便于管理、操作与维修。还可以减少备用设备或互为备用。如塔体集中布置在塔架上，换热器、泵组成布置在一处等。充分利用位能，尽可能使物料自动流送，一般可将计量设备、高位槽布置在最高层，主要设备（如反应器等）布置在中层，储槽、传动设备等布置在底层。

考虑合适的设备间距。设备间距过大会增加建筑面积，拉长管道，从而增加建筑和管道投资；设备间距过小则导致操作、安装与维修的困难，甚至发生事故。设备间距的确定主要取决于设备管道的安装、检修、安全生产及节约投资等几个因素。

例如，设备在厂房内的几种排列方式如图 2-19 所示。

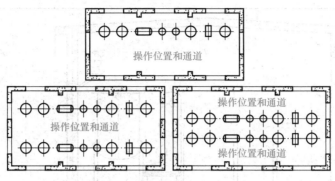

图 2-19 设备在厂房内的几种排列方式

● 任务描述

以实训装置为例，完成以下任务：

1. 识读设备布置图。

2. 绘制应急撤离路线图。

3. 绘制有毒气体、可燃气体报警仪设置图。

● 课前预习

1. 化工设备布置图的作用有哪些？

2. 化工设备布置图的内容包括哪些？

● 知识准备

设备布置图是表达厂房建筑内外的设备之间、设备与建筑物之间的相对位置的图样。设备布置图用以指导设备的安装、布置，并作为厂房建筑、管道布置设计的重要依据。

1. 设备布置图的内容

根据设备布置图的作用，它必须包括以下内容：

（1）一组视图。表示设备在厂房内外布置情况的平面图和剖面图等。

（2）尺寸。图中要标注与设备定位有关的建筑物定位轴线的编号、设备支承点（POS）标高和设备管口的标高、设备的名称与位号等。图中尺寸的单位除标高及总平面图以 m 为单位外，其他尺寸均以 mm 为单位。地面设计标高为 EL100.00。

（3）指北针。图纸右上角表示安装方位的图标。

（4）标题栏。注写单位名称、图名、图号、比例及签字、日期等。

（5）附注说明。说明与设备安装有关的特殊要求，如设备一览表、设备规格等。

2. 设备布置图的画法

（1）视图表示方法：比例与图幅、分区、视图配置。

（2）设备表示方法。

①定型设备和非定型设备。

②同一位号的多台设备，可画出一台设备的外形，其他的可以只画出基础或用双点画线的方框表示。

③设备一览表。图 2-20、图 2-21 所示为设备布置图。

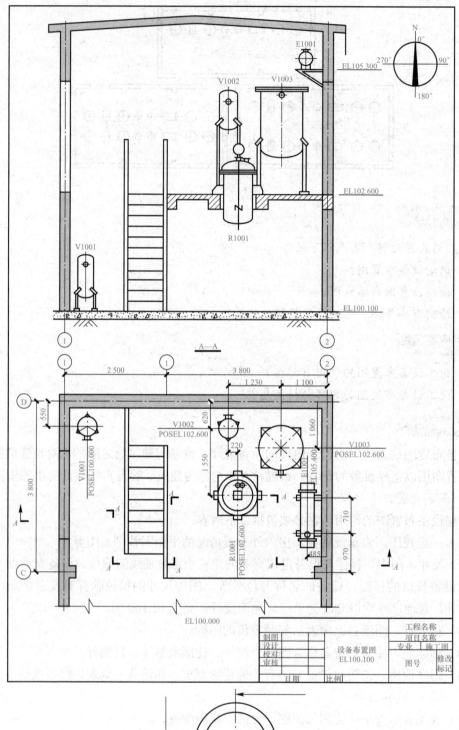

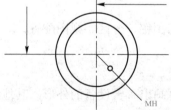

图 2-20 设备布置图

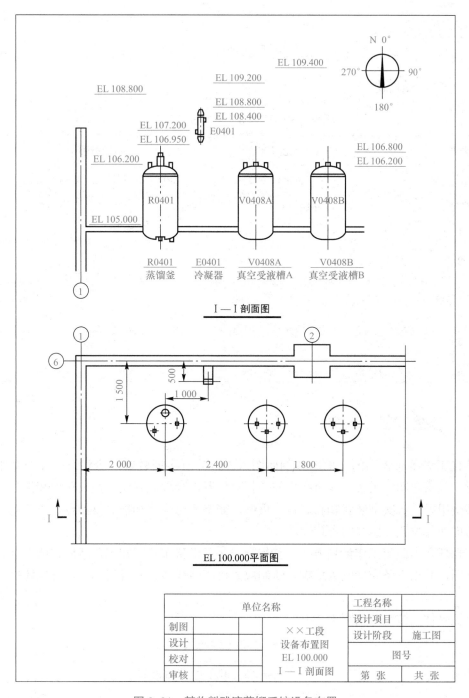

图 2-21　某物料残液蒸馏系统设备布置

图 2-21 中有平面图和 I—I 剖面图。按工艺要求，冷凝器 E0401 架空，其物料出口的管口高于真空受液槽 V0408A 和 V0408B 的进料口，物料可以自流到 V0408A 和 V0408B 中，为便于 E0401 的支承和避免遮挡窗户，将其靠墙并靠近建筑轴线②附件布置。为满足操作维修要求，各设备之间留有必要的间距。

剖面图表达了室内设备在立面上的位置关系，剖面图的剖切位置在平面图上 I—I 处，蒸馏釜和真空受液槽 A 和 B 布置在标高为 5 m 的楼面上，冷凝器布置在标高为 6.95 m 处。

● **任务实践**

一、任务分组

表 2-8　任务 2.2 学生任务分配表

班级		组号		指导教师	
组长		教学任务		任务 2.2　识读化工设备布置图	
序号	姓名 / 小组		学号		任务分配
1					
2					
3					
4					
5					
6					

二、任务实施

从化工设备布置图的平面图和剖面图入手，分析实训装置厂房建筑内外的操作位置和通道、设备之间，设备与建筑物之间的相对位置，合理规划应急撤离路线和报警仪设置图。案例甲醇合成实训装置物料有毒、可燃，需要考虑检测和报警仪器点、应急撤离路线图，考虑安装位置和路线的合理性。

根据任务书制定工作计划方案，首先学习化工设备布置图知识，然后识读实训装置设备布置图，并以设备布置图为依据，绘制应急撤离路线图、有毒气体及可燃气体报警仪设置图。

按照具体实施步骤填写表 2-9。

表 2-9　任务 2.2 实施工单

工作任务	任务 2.2　识读化工设备布置图		
	实施步骤		
序号	实施内容	注意事项	负责人
1	了解识化工设备布置图基本知识。 （1）化工设备布置图的作用有哪些？ （2）化工设备布置图的内容包括哪些？		

序号	实施内容	注意事项	负责人
2	识读实训装置设备布置图。 厂房的长、宽、高：_____ 实训装置的长、宽、高：_____ 实训装置的层数、层高：_____、_____ 反应器布置在标高____m、最高设备布置在标高为____m 一楼主要设备名称：_____ 二楼主要设备名称：_____ 视图表达方案：（口述）	视图表达分析设备空间位置、设备间相对位置	
3	绘制实训装置应急撤离路线图	参考设备布置图操作通道设置，撤离安全	
4	绘制实训装置有毒气体、可燃气体报警仪设置图	分析装置物料性质、工艺流程、设备泄漏点	

示范展示	
展示任务	展示要求
识图基本知识的了解情况	随机抽取同学，分享自己所学和所思
识读实训装置设备布置图	小组推选一人，向全班同学分析讲解如何识读分析设备空间位置、设备间相对位置
绘制实训装置应急撤离路线图	小组推选一人，向全班同学分析讲解实训装置应急撤离路线图
绘制实训装置有毒气体、可燃气体报警仪设置图	小组推选一人，向全班同学分析讲解实训装置设置报警点的合理性及绘图表达

三、任务评价

表 2-10　任务 2.2 评价表

自我评价		
评价项目	评价标准	得分
理论知识	A．90～100 分 B．80～90 分 C．70～80 分 D．60～70 分 E．0～60 分	
实践技能		
成果展示		
合计		

小组评价		
评价项目	标准	得分
计划合理		
方案合理		
团队合作		
组织有序		
工作质量	优（8分） 良（7分） 中（6分） 差（4分）	
工作效率		
工作完整		
工作规范		
识读报告		
成果展示		
合计		

教师评价				
评价任务		评价标准	分值	得分
考勤（10%）		无无故迟到、早退、旷课	10	
工作过程（60%）	应知	能完成应知任务，正确描述相关知识概念、工程术语，并能初步应用于实践中	10	
	应会	能正确完成应会操作任务，能理解操作步骤的原理和目标	10	
	工作态度	态度端正、工作认真、主动	5	
	协调能力	与小组成员之间能合作交流，协调工作	5	
	职业素质	能做到安全生产，文明工作，保护环境，爱护公共设施	5	
项目成果（30%）	工作完整	能按时完成任务	5	
	工作规范	按任务要求执行	5	
	语言图文汇报	交流顺畅、资料完整	20	
	现场操作展示	操作准确、知行合一	25	
合计			100	

综合评价			
自评（20%）	小组互评（30%）	教师评价（50%）	综合得分

四、总结反思

根据评价结果，总结自我不足。

任务2.3 识读化工工艺图

表2-11 《化工总控工职业标准》（四级/中级工）

序号	职业功能	工作内容	技能要求
1	1. 生产准备	1.1 工艺文件准备	1.1.1 能绘制工艺流程图 1.1.2 ★能识读带控制点的工艺流程图

● 学习目标

知识目标

归纳、比较、分析化工工艺图的标识符号。

能力目标

1. 能绘制实训装置的工艺方框图、方案流程图。
2. 能识读离心泵、往复泵基本单元模式。
3. 能识读实训装置工艺管道仪表流程图的设备、仪表、管道、物料、阀门图形符号。
4. 能在实训装置现场对照工艺管道仪表流程图梳理流程。

素质目标

1. 具备强烈的责任感和吃苦耐劳的精神。
2. 具备发现、分析和解决问题的能力。

● 任务导入

工艺流程图是用来表达化工生产工艺流程的设计文件，操作人员通过它来认识化工装置，并作为生产操作、设备检修的依据。化工操作人员必须能识读工艺流程图，包括能理解物料的走向、设备的作用、仪表检测及自动化控制方案、联锁保护等信息，并能在装置现场一一对应熟练掌握，在此基础上，理解操作规程步骤及要求，才能熟练地操作生产装置，处理生产过程中发生的工艺、设备、仪表、安全及环保等故障。

工艺流程图可分为三种表达方式，即化工工艺方案流程图、物料流程图（简称 PFD）和工艺管道仪表流程图（简称 PID）。

化工工艺方案流程图是用来表达整个工厂、车间或工序的生产过程概况的示意性流程图。

物料流程图包含整个装置的主要信息、操作条件（温度、压力、流量等）、物料衡算（各个物流点的性质、流量、操作条件等都在物流表中表示出来）、热量衡算（热负荷等）、设计计算（设备的外形尺寸、传热面积、泵流量等）、主要控制点及控制方案等。

工艺管道仪表流程图是在 PFD 的基础上，由工艺、管道安装和自控等专业共同完成。需要画出所有的设备、仪表、管道及其规格、保温厚度等内容，PID 图是化工生产的技术核心。

以实训装置为例，完成以下任务：

1. 绘制工艺方框图。

2. 绘制方案流程图。

3. 识读图 2-22 所示的离心泵基本单元模式，并在图中标注出所有设备、阀门、仪表的名称，能讲述其作用。

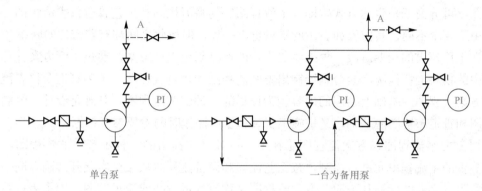

图 2-22 离心泵基本单元模式

4. 识读图 2-23 所示的往复泵基本单元模式，并在图中标注出所有设备、阀门、仪表的名称，能讲述其作用。

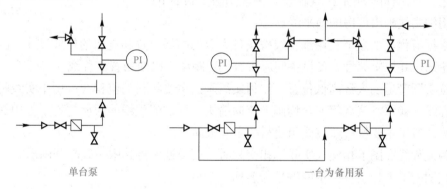

图 2-23 往复泵基本单元模式

5. 识读工艺管道仪表流程图（PID）的设备图形符号（口述）。

6. 识读工艺管道仪表流程图（PID）的仪表图形符号（口述）。

7. 识读工艺管道仪表流程图（PID）的管道标注符号（口述）。

8. 识读工艺管道仪表流程图（PID）的物料标注符号（口述）。

9. 在现场对照工艺管道仪表流程图（PID）梳理流程（口述）。

1. 化工工艺图有什么作用？

2. PID 图首页图例表达了哪些内容？

3. 在 PID 图首页图例中，你了解哪些流程图的阀门及管件符号？

● **知识准备**

化工工艺图包括工艺流程图、设备布置图和管路布置图。这些图是化工工艺安装和指导生产的主要资料。

1. 工艺流程图

工艺流程图是用来表达化工生产工艺流程的设计文件。根据不同设计阶段绘制的工艺流程图，可分为三种表达方式，即方案流程图、物料流程图和工艺管道仪表流程图。这几种图由于要求不同，其内容和表达的重点也不一致，但彼此之间却有着密切的联系。

在工厂建设的初期阶段，根据将要生产的产品确定生产方案，通过生产方案计算生产过程中的物料消耗情况，会分别绘制出方案流程图和物料流程图。工艺管道及仪表流程图是在方案流程图的基础上绘制的内容较为详尽的一种工艺流程图，其既是设计、绘制设备布置图和管道布置图的基础，又是施工安装和生产操作时的主要参考依据。

（1）方案流程图。方案流程图是在工艺设计之初提出的一种示意性的流程图。它以工艺装置的主流程单元进行绘制，按工艺流程和设备流程线从左至右展开，画在同一平面上，并附以必要的标注和说明。方案流程图又称流程示意图或流程简图，用来表达整个工厂、车间或工序的生产过程概况，即主要表达物料由原料转变为成品或半成品的来龙去脉，以及采用的化工过程及设备。对于方案流程图一般不作规定，图框和标题栏也可省略。

工艺方案流程图如图 2-24 所示。一般画法步骤如下：

①用细实线画出厂房的地平线。

②根据流程，从左至右用细实线按设备大致的高低位置和近似的外形尺寸，画出设备的大致轮廓，并依次编号。各设备间应留有一定距离，以便布置流程线。

③按实际管道的大致高低位置，用粗实线画出主要物料的流程线；用中实线画出其他介质流程线（如水、蒸汽等），均画上流向箭头，并在流程线的起始与终了处用文字注明物料名称。对于主要物料还应注明物料的来源去向。

④两流程线在图上相交（实际不相交）时，相交处应将其中一线断开画出。

⑤在图的下方列出各设备的编号与名称。

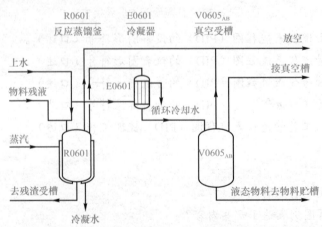

图 2-24　物料残液蒸馏处理系统的方案流程图

（2）物料流程图。物料流程图是设计初步阶段以图形和表格相结合的形式反映物料衡算和热量衡算结果的图样。与方案流程图的内容及画法基本一致，只是增加了一些数据。如设备名称下方注明一些特性参数及数据（如塔的直径和高度，换热器的换热面积等）；在工艺过程中增加了一些特性数据或参数（如压力、温度等）；在流程中物料变化的前后用细实线的表格表示物料变化前后组分的变化。

①物料流程图的构成包括设备、工艺管道及介质流向、参数控制、工艺操作条件、物料的流率及主要物料的组成和主要物性数据、加热及冷却设备的热负荷。

②物料流程图的画法。

a. 设备画法。流程中只画与生产流程有关的主要设备，不画辅助设备及备用设备。对作用相同的并联或串联的同类设备，一般只表示其中的一台（或一组），而不必将全部设备同时画出。所有的设备均使用细实线表示并注明编号，并同时注明其名称（汉字）。设备按同类性质设备的流程顺序统一编号，用代号表示设备的属性，如 C 表示塔，E 表示换热器等。设备的编号格式规定如下：×× － ×××××。例如，某常压催化联合装置（单元号为 1）中常压部分（部分号为 1）的塔 –1，可写成 C–1101；催化部分（部分号为 2）的塔 –1 可写成 C–1201。再如，某重整装置（不列单元号）重整部分（部分号为 2）的换 –4 可写成 E–204。又如，某焦化装置的 D–1（不列单元及部分号）可写成 D–1。

设备大小可以不按比例画，但其规格应尽量有相对的概念。有位差要求的设备，应示意出其相对高度位置。对工艺有特殊要求的设备内部构件应予表示。例如，板式塔应画出有物料进出的塔板位置及自下往上数的塔板总数；容器应画出内部挡板及破沫网的位置；反应器应画出器内床层数；填料塔应表示填料层、气液分布器、集油箱等的数量及位置。

b. 管道画法。流程图应从左至右按生产过程的顺序绘制，进出装置或进出另一张图（由多张图构成的流程图）的管道一般画在流程的始末端（必要时可画在图的上下端），用箭头（进出装置）或箭头（进出另一张图纸）明显表示，并注明物料的名称及其来源或去向。进出另一张流程图时，还需注明进出另一张图的图号，图号可直接标注在箭头内。

用粗实线表示主要操作管道，并用箭头表示管内物料的流向。正常生产时使用的水、蒸汽、燃料及热载体等辅助管道，一般只在与设备或工艺管道连接处用短的细实线示意，注明物料名称及其流向。正常生产时不用的开停工、事故处理、扫线及放空等管道，一般均不需要画出，也不需要用短的细实线示意。除有特殊作用的阀门外，其他手动阀门均不需画出。

c. 仪表的表示方法。工艺流程中应表示出工艺过程的控制方法，画出调节阀位置、控制点及测量点的位置，其中仪表引线的表示方法参照《石油化工流程图图例》（SH/T 3101—2017），如果有联锁要求，也应表示出来。一般压力、流量、温度、液位等测量指示仪表均不予表示。

d. 物料流率、物性及操作条件的表示方法。原料、产品（或中间产品）及重要原材料等的物料流率均应予表示，已知组成的多组分混合物应列出混合物总量及其组成百分比。物性数据一般列在说明书中，如有特殊要求，个别物性数据也可表示在图 2-25 中。

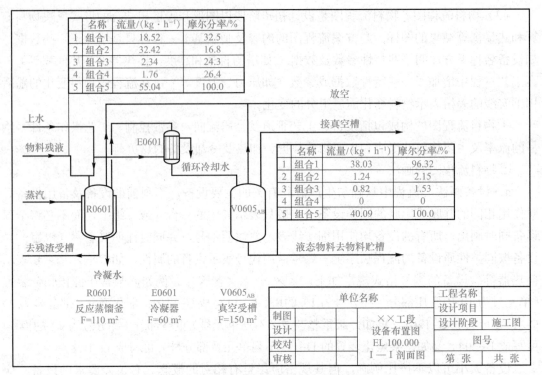

	名称	流量/(kg·h⁻¹)	摩尔分率/%
1	组合1	18.52	32.5
2	组合2	32.42	16.8
3	组合3	2.34	24.3
4	组合4	1.76	26.4
5	组合5	55.04	100.0

	名称	流量/(kg·h⁻¹)	摩尔分率/%
1	组合1	38.03	96.32
2	组合2	1.24	2.15
3	组合3	0.82	1.53
4	组合4	0	0
5	组合5	40.09	100.0

图 2-25 某物料残液蒸馏处理系统的物料流程图

（3）工艺管道仪表流程图。工艺管道仪表流程图是借助统一规定的图形符号和文字代号，用图示的方法把建立化工工艺装置所需的全部设备、仪表、管道及主要管件，按其各自的功能，为满足工艺要求和安全、经济目的而组合起来，以起到描述工艺装置结构和功能的作用，如图 2-26 所示。

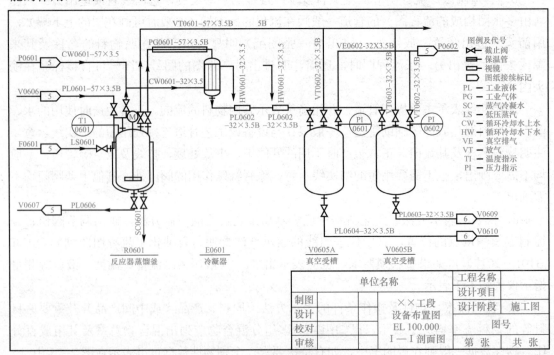

图 2-26 工艺管道仪表流程图

工艺管道仪表流程图的识读，是工艺人员必须熟练掌握的基本生产技术，也是生产操作和检修的重要依据。工艺管道仪表流程图包含生产现场所有设备、管道、阀门、管件、仪表等。图纸和现场是一一对应的关系，如同计算机打印预览的"所见即所得"。所以，工艺管道仪表流程图不仅是生产操作和检修的技术基础，也是装置未安装完成前进行试车方案、操作规程编制的依据。

①工艺管道仪表流程图的组成：

a. 带标注的各种设备的示意图。工艺流程图中设备代号及图例见表 2-12。

b. 带标注和管件的各种管道流程线。

c. 阀门与带标注的各种仪表控制点的各种图形符号。

d. 对阀门、管件、仪表控制点说明的图例。

e. 标题栏。

表 2-12　常用设备标准图例

类别	图例
容器（V）	尖顶罐　　　　平顶罐　　　　立式罐　　　　卧式罐
泵（P）	
机械（M）	
电机压缩机（C）	
塔（T）	填料塔　　　　板式塔　　　　喷淋塔

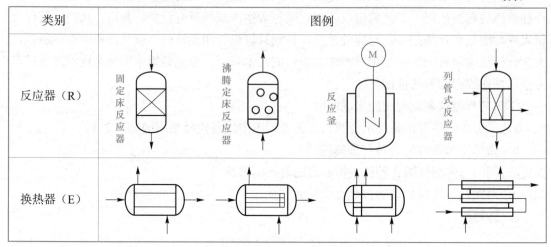

②管道流程线的画法：

a．主要物料的流程线用粗实线表示，其他物料的流程线用中实线表示。

b．流程线一般画成水平线和垂直线（不用斜线），转弯一律画成直角。

c．在两设备之间的流程线上，至少应有一个物料流向箭头。

d．流程线交叉时，应将其中一条断开：同一物料线交错，按流程顺序"先不断、后断"；不同物料线交错，按流程顺序"主不断、辅断"。

常见管线画法见表 2-13。

表 2-13　管件管道符号常用图例及说明

图例	说明
	主要管道
	次要管道
	软管
	管道交叉
	变径管道
	有坡度管道
	三通连接
	弧形伸缩器

图例	说明
	方形伸缩器
	防水套管
	软管
	管道：用于一张图内只有一种管道
—— J —— —— P ——	管道：用汉语拼音字头表示管道类别
	导管：用图例表示管道类别
	交叉管：指管道交叉不连接，在下方和后面的管道应断开
	可找曲橡胶接头
	管道固定支架
XL XL	管道立管
	排水明沟
	排水暗沟
	弯折管：表示管道向后弯90°
	弯折管：表示管道向前弯90°
	存水弯
	方形地漏
	自动冲洗箱
	四通连接
	流向
	坡向
	套管伸缩器

图例	说明
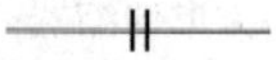 ―┤├―	法兰连接
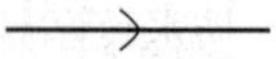 ―――→―	承插连接
 [―	管堵
 ―┤――	法兰堵盖

③管道流程线标注。

a. 标注位置。水平管道标注在管道的上方，垂直管道标注在管道的左方（字头向左），如图 2-27 所示。

图 2-27 管道流程线标注位置

（a）管道进图纸；（b）管道出图纸

b. 标注内容。标注内容有四部分，即管道号（或称管段号，由物料代号、工段号、工段序号三个单元组成）、管径、管道等级和隔热（或隔声）代号。当工艺流程简单，管道规格不多时，则管道等级和隔热（或隔声）代号可省略，如图 2-28 所示。

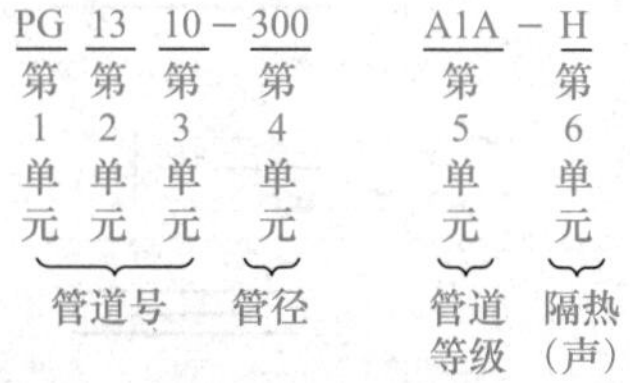

$$\underset{\substack{第\\1\\单\\元}}{PG} \quad \underset{\substack{第\\2\\单\\元}}{13} \quad \underset{\substack{第\\3\\单\\元}}{10} - \underset{\substack{第\\4\\单\\元}}{300} \qquad \underset{\substack{第\\5\\单\\元}}{A1A} - \underset{\substack{第\\6\\单\\元}}{H}$$

管道号 ╰管径╯ 管道等级 隔热（声）

图 2-28 管道流程线标注内容

管道号（管段号）包括物料代号（表 2-14）、工段号、工段序号（工段号是企业根据车间或工段来划分的生产单元代号）。

管径：一般标注公称直径，英制管管径以英寸为单位，如 4″，无缝钢管还可标注外径 × 壁厚。

管道等级：包括压力等级、顺序号、管道材质类（表 2-15）。

表 2-14 物料代号（摘自 HG/T 20519.2—2009）

代号	物料名称		代号	物料名称	
AR	空气	Air	LS	低压蒸汽	Low Pressure Steam
AG	气氨	Ammonia Gas	MS	中压蒸汽	Medium Pressure Steam
CSW	化学污水	Chemical Sewage Water	NG	天然气	Natural Gas
BW	锅炉给水	Boiler Water	PA	工艺空气	Process Air

代号	物料名称		代号	物料名称	
CWR	循环冷却水回水	Cooling Water Return	PG	工艺气体	Process Gas
CWS	循环冷却水上水	Cooling Water Suck	PL	工艺液体	Process Ligurd
CA	压缩空气	Compress Air	PW	工艺水	Process Water
DNW	脱盐水	Demineralized Water	SG	合成气	Synthetic Gas
DR	排液、导淋	Drain	SC	蒸汽冷凝水	Stram Condensate
DW	饮用水	Driking Water	SW	软水	Soft Water
FV	火炬排放气	Flare	TS	伴热蒸汽	Tracing Steam
FG	燃料气	Fuel Gas	TG	尾气	Tail Gas
IA	仪表空气	Instrument Air	VT	放空气	Vent
IG	惰性气体	Inert Gas	WW	生产废水	Waste Water

表 2-15 管道材料及代号

代号	管道材料	代号	管道材料	代号	管道材料	代号	管道材料
A	铸铁	C	普通低合金钢	E	不锈钢	G	非金属
B	非合金钢（碳钢）	D	合金钢	F	有色金属	H	衬里及内防腐

④阀门、管件及仪表控制点的表示法。

a. 阀门及管件。用细实线按规定的符号在相应处画出常用阀门、管件的图形符号，见表 2-16。

阀门、管件及仪表
控制点的表示

表 2-16 管路系统常用阀门的图形符号

名称	符号	名称	符号	名称	符号
截止阀		隔膜阀		减压阀	
闸阀		旋塞阀		疏水阀	
节流阀		角式截止阀		角式节流阀	
球阀		三通截止阀		角式球阀	
碟阀		四通截止阀		三通球阀	

b. 仪表控制点。工艺管道仪表流程图上要以规定的图形符号和字母代号，表示出在设备、机械、管道和仪表站上的全部仪表。仪表安装位置图形符号见表 2-17，仪表字母代号见表 2-18。

表 2-17　仪表安装位置的图形符号

名称	现场安装	控制室安装	现场盘装
单台常规仪表			
DCS			
计算机功能			
可编程逻辑控制			

表 2-18　仪表字母代号

字母	首位字母		后继字母		
	被测变量	修饰词	读出功能	输出功能	修饰词
A	分析		报警		
C	电导率			控制	
D	密度	差			
E	电压		检测元件		
F	流量	比率			
G	毒性气体或可燃性气体		视镜、观察		
H	手动				高
I	电流		指示		
L	物位		灯		低
P	压力、真空				
Q	数量	积算、累计			
R	核辐射		记录		
S	速度、频率	安全		开关、联锁	
G	毒性气体或可燃性气体		视镜、观察		
T	温度		传送		

如仪表位号表示意义如下：

分子：字母组合，第一位字母（T），表示被测变量（温度），后继字母（IR），表示仪表的功能（可一个或多个组合，最多不超过五个），从表2-18中可以看出，"TIR"表示"温度指示记录"。

分母：数字组合，前二位数字（01）表示工段号，后二位数字（21）表示管段序号。

由表2-17可以看出，该仪表安装在控制室。若该图形外再加方框，则表示该检测显示仪表（温度指示记录）在DCS上有显示和记录。

被测变量及仪表功能字母组合示例如下：

控制器：FRC—流量记录调节、FIC—流量指示；

读出仪表：FR—流量记录、FI—流量指示；

开关和报警装置：FSH—流量高报警；FSL—流量低报警；FSHL—流量高低组合报警；

变送器：FRT—流量记录变送、FIT—流量指示变送、FIT—流量变送；

检测元件：FE—流量检测；

测试点：FP—流量测试点；

最终执行元件：FV—流量执行元件。

带控制点流程仪表功能字母组合示例如图2-29所示。

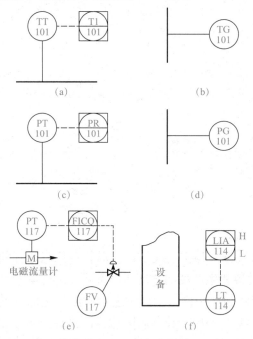

图 2-29　带控制点流程仪表功能字母组合示例

（a）温度检测、指示；（b）温度就地指示；（c）压力检测、记录；（d）压力就地指示；
（e）流量检测、指示、累积、调节；（f）液位检测、指示、高低为报警

⑤识读工艺管道仪表流程图的步骤。识读化工装置工艺管道仪表流程图前，应充分熟悉工艺流程概述、方案流程图及物料流程图，掌握工艺过程的反应原理、操作条件、工艺组织、物料平衡、热量平衡、控制方案、主要工艺设备的名称和位号等，为学习PID图打下基础。

识读PID图的步骤：首先熟悉图例说明，掌握流程图中图形、符号、标注、字母代表的意义，然后了解主要物料流程。应先从原料制备，到化学反应、产物的分离提纯，在图

中按管道箭头方向逐一找到通过的设备、控制点，直到最后产品的产出；主流程清楚后，再了解其他辅助单元流程，如蒸汽系统、锅炉水系统、导热油系统、原料及产品储存系统等。

2．设备布置图和管路布置图

任务 2.2 中设备布置图已做过介绍，此处不再赘述管路布置图为技师技能要求。

● **任务实践**

一、任务分组

表 2-19　任务 2.3 学生任务分配表

班级		组号		指导教师	
组长		教学任务		任务 2.3　识读化工工艺图	
序号	姓名/小组		学号		任务分配
1					
2					
3					
4					
5					
6					

二、任务实施

PID 图能告诉我们什么？

1．用规定的类别图形符号和文字代号：表示装置工艺过程的全部设备、机械和驱动机，包括需就位的备用设备和生产用的移动式设备，并进行编号和标注。

2．用规定的图形符号和文字代号：详细表示所需的全部管道、阀门、主要管件（包括临时管道、阀门和管件）、公用工程站和隔热等，并进行编号和标注。

3．用规定的图形符号和文字代号：表示全部检测、指示、控制功能仪表，包括一次性仪表和传感器，并进行编号和标注。

4．用规定的图形符号和文字代号：表示全部工艺分析取样点，并进行编号和标注。

5．安全生产、试车、开停车和事故处理在图上需要说明的事项：包括工艺系统对自控、管道等有关专业的设计要求和关键设计尺寸。

PID 图识读学习应首先读懂和熟悉 PID 图首页图例，学习方法可按以上五个方面归类学习图例，并通过做练习题和实训装置识图应用反复训练。按照具体实施步骤填写表 2-20。

表 2-20　任务 2.3 实施工单

工作任务	任务 2.3　识读化工工艺图		
	实施步骤		
序号	实施内容	注意事项	负责人
1	了解识图基本知识。 1. 选择题 （1）（　　）在工艺设计中起主导作用，是施工安装的依据，同时又作为操作运行及检修的指南。 A. 设备布置图 B. 管道布置图 C. 工艺管道及仪表流程图 D. 化工设备图 （2）表示设备与建筑物、设备与设备之间的相对位置，能直接指导设备安装的图样是（　　）。 A. 设备布置图　　　　　B. 平面布置图 C. 剖面布置图　　　　　D. 管路布置图 （3）带控制点的工艺流程图构成有（　　）。 A. 设备、管线、仪表、阀门、图例和标题栏 B. 厂房 C. 设备和厂房 D. 方框流程图 （4）带控制点流程图一般包括图形、标注、（　　）、标题栏等。 A. 图例　　　　　　　　B. 说明 C. 比例说明　　　　　　D. 标准 （5）对于管路标注 IA0601—25×3，下列说法不正确的是（　　）。 A. "IA" 表示工艺空气 B. "06" 是工段号 C. "01" 是管段序号 D. 该管道公称直径为 20 （6）工艺流程图包含（　　）。 A. 方案流程图 B. 物料流程图和首页图 C. 管道及仪表流程图 D. 以上都是 （7）工艺物料代号 PA 是（　　）。 A. 工艺气体 B. 工艺空气 C. 气液两相工艺物料 D. 气固两相工艺物料 （8）化工工艺流程图是一种表示（　　）的示意性图样，根据表达内容的详略，分为方案流程图和施工流程图。 A. 化工设备　　　　　　B. 化工过程 C. 化工工艺　　　　　　D. 化工生产过程 （9）化工工艺流程图中的设备用哪种线画出，主要物料的流程线用哪种实线表示，下列选项正确的是（　　）。 A. 细，粗　　　　　　　B. 细，细 C. 粗，粗　　　　　　　D. 粗，细	应用化工工艺管道仪表流程图基本知识做练习	

序号	实施内容	注意事项	负责人
1	（10）能组织、实施和指挥生产的技术文件是（　　）。 　A. 设备平面布置图 　B. 物料流程图 　C. 管路布置图 　D. 带控制点的工艺流程图 （11）设备分类代号中表示容器的字母为（　　）。 　A. T　　　　　　　　B. V 　C. P　　　　　　　　D. R （12）下列符号中代表指示、控制的是（　　）。 　A. TIC　　　　　　　B. TdRC 　C. PdC　　　　　　　D. AC （13）在带控制点工艺流程图中，仪表位号的第一个字母表示（　　）。 　A. 被测变量　　　　　B. 仪表功能 　C. 工段号　　　　　　D. 管段序号 （14）在带控制点工艺流程图中的图例是用来说明（　　）、管件、控制点等符号的意义。 　A. 压力表　　　　　　B. 阀门 　C. 流量计　　　　　　D. 温度计 （15）在工艺管道及仪表工艺流程图中，某仪表的工位号是TC-100，那么该表的功能是（　　）。 　A. 温度记录仪　　　　B. 温度调节器 　C. 温度变送器　　　　D. 温度指示仪 （16）在工艺流程图中，流程线相交时，一般同一物料流程线交叉时，应做到（　　）。 　A. 先断后不断　　　　B. 先不断后断 　C. 主不断辅断　　　　D. 主断辅不断 （17）下列图例中，表示调节阀的是（　　）。 　A.◁▷　　　　　　　B. 　C.◀▶　　　　　　　D. （18）下列图形中，表示球阀的是（　　）。 　A.◁▷　　　　　　　B.◁▷ 　C.◀▶　　　　　　　D.◁▷ （19）——┼◀▶┼——表示（　　）。 　A. 螺纹连接，手动截止阀 　B. 焊接连接，自动闸阀 　C. 法兰连接，自动闸阀 　D. 法兰连接，手动截止阀 2. 判断题 （1）阀门类别用汉语拼音字母表示，如闸阀代号为"Z"。　　　　　　　　　　　　　　　（　　） （2）方案流程图一般仅画出主要设备和主要物料的流程线，用于粗略地表示生产流程。　（　　） （3）工艺流程图中的标注是注写设备位号及名称、管段编号、控制点及必要的说明等。　（　　）	应用化工工艺管道仪表流程图基本知识做练习	

序号	实施内容	注意事项	负责人
1	（4）管道仪表流程图中，被测变量及仪表功能组合为 TSA 时，表示温度联锁报警。　　（　　） （5）化工过程的检测和控制系统的图形符号，一般由测量点、连接线和仪表圆圈三部分组成。　（　　） （6）设备类别代号中 P 和 V 分别表示泵和压缩机。　　　　　　　　　　　　　　　　（　　） （7）在化工制图中，执行器的图形符号由执行机构和调节机构两部分组合而成。　　　　（　　） （8）0501 表示集中仪表盘面安装的温度记录控制仪。　　　　　　　　　　　　　　　　（　　） （9）阀门与管道的连接画法中　⟜▷◁⟜　表示螺纹连接。　　　　　　　　　　　　　（　　）	应用化工工艺管道仪表流程图基本知识做练习	
2	绘制实训装置的工艺方框图	理解工艺流程原理	
3	绘制实训装置的方案流程图	根据实训装置的流程，从左至右用细实线按设备大致的高低位置和近似的外形尺寸，画出设备的大致轮廓，并标注设备名称和位号，在方案流程图中不要求画出仪表符号，如检测仪表、自动控制系统，也不需要画出阀门及管道符号，注意与 PID 图的区别	
4	能识读下图离心泵基本单元模式，并在图中标注出所有设备、阀门、仪表的名称，能讲述其作用。 单台泵　　　　　　　一台为备用泵	以离心泵单元设备为例，在一个设备上初步识读设备、管道、阀门、仪表等符号，并简要讲述各部件作用，从而认识一台离心泵或往复泵的基本模式，推而广之	

序号	实施内容	注意事项	负责人
5	能识读下图往复泵基本单元模式，并在图中标注出所有设备、阀门、仪表的名称，能讲述其作用。 单台泵　　　　　　　一台为备用泵	与4中离心泵相似	
6	能识读实训装置工艺管道仪表流程图的设备图形符号	在4、5识读基础上，6识读实训装置工艺管道仪表流程图的设备图形符号，要求能熟练识记常见设备图形符号	
7	能识读实训装置工艺管道仪表流程图的仪表图形符号。 　例如，下图所示的仪表图形符号，图中一条管道上有流量检测、变送器、流量控制器、流量高低报警、流量高联锁输出信号、电磁阀、联锁输入信号、执行器等仪表符号，组成一个仪表检测、传输、调节及执行的控制回路 	专项培训 PID 图仪表图形符号的识读，需要有意识地记忆。仪表图形符号中自动控制回路、报警联锁是重点和难点，需要重点分析识记	
8	能识读实训装置工艺管道仪表流程图管道标注	四部分即管道号（或称管段号，由物料代号、工段号、工段序号三个单元组成）、管径、管道等级和隔热（或隔声）代号	

序号	实施内容	注意事项	负责人
9	能识读实训装置工艺管道仪表流程图物料符号	常见物料代号如公用介质等必须熟记	
10	能识读实训装置工艺管道仪表流程图阀门符号	常用阀门、管件的图形符号必须熟记，并懂结构和原理	
11	能在实训装置现场对照工艺管道仪表流程图清理流程	在前10项任务的学习和训练基础上，进行实际应用，熟能生巧	

示范展示	
展示任务	展示要求
识图基本知识的了解情况	随机抽取同学，分享自己所学和所思
绘制实训装置的工艺方框图、方案流程图	随机抽取同学，分享自己所学和所思
识读离心泵、往复泵基本单元模式	小组推选一人，向全班同学分析讲解如何识读设备、阀门、仪表的名称符号，能讲述其作用
识读实训装置工艺管道仪表流程图的设备、仪表、管道、物料、阀门图形符号	小组推选一人，向全班同学分析讲解如何识读实训装置设备、仪表、管道、物料、阀门图形符号
在实训装置现场对照工艺管道仪表流程图清理流程	小组推选一人，向全班同学分析讲解识读实训装置工艺管道仪表流程图，能在现场将设备仪表阀门等与PID图形符号一一对应

三、任务评价

表 2-21　任务 2.3 评价表

自我评价		
评价项目	评价标准	得分
理论知识	A．90～100 分 B．80～90 分 C．70～80 分 D．60～70 分 E．0～60 分	
实践技能		
成果展示		
合计		
小组评价		
评价项目	标准	得分

计划合理		
方案合理		
团队合作		
组织有序		
工作质量	优（8 分） 良（7 分） 中（6 分） 差（4 分）	
工作效率		
工作完整		
工作规范		
识读报告		
成果展示		
合计		

教师评价				
评价任务		评价标准	分值	得分
考勤（10%）		无无故迟到、早退、旷课	10	
工作过程 （60%）	应知	能完成应知任务，正确描述相关知识概念、工程术语，并能初步应用于实践中	10	
	应会	能正确完成应会操作任务，能理解操作步骤的原理和目标	10	
	工作态度	态度端正、工作认真、主动	5	
	协调能力	与小组成员之间能合作交流，协调工作	5	
	职业素质	能做到安全生产，文明工作，保护环境，爱护公共设施	5	
项目成果（30%）	工作完整	能按时完成任务	5	
	工作规范	按任务要求执行	5	
	语言图文汇报	交流顺畅、资料完整	20	
	现场操作展示	操作准确、知行合一	25	
合计			100	

综合评价			
自评（20%）	小组互评（30%）	教师评价（50%）	综合得分

四、总结反思

根据评价结果，总结自我不足。

项目 3
化工仪表及自动化系统准备

▷ ▷ ▷ ▷ ▷ ▷

项目描述

化工仪表是化工装置操作人员的"眼睛"，自动检测装置的运行情况；自动控制系统能替代人的"脑袋"，对检测的数据进行复杂的运算，然后根据操作要求，像人的"手"一样进行自动控制生产运行；联锁报警系统是装置重大故障时，自动停车动作，使装置处于安全停车状态。

本项目依据《化工总控工职业标准》技能点，以实训装置为例，通过完成任务3.1化工仪表检测系统、任务3.2自动化控制系统、任务3.3信号报警与联锁保护系统、任务3.4仪表的工艺校验和故障处理的学习训练，达到化工装置仪表及自动化系统的职业能力要求。

项目分析

从化工仪表及自动化基础知识出发，结合实训装置仪表自动化系统学习训练，达到《化工总控工职业标准》化工仪表及自动化职业能力。

1. 了解检测仪表在生产中的作用、分类、结构和工作原理，能以实训装置为例做展示讲解。

2. 了解控制系统的组成、控制原理、控制系统的分类、调节阀常见故障及处理方法，能以实训装置为例作展示讲解。

3. 了解工艺信号报警、联锁保护系统设置的目的、工作原理、联锁保护系统的分类、信号报警及联锁保护系统技术要求、联锁保护系统管理制度、信号报警、联锁保护系统常见故障及处理方法，能以实训装置为例作展示讲解。

4. 结合实训装置进行检测和控制系统的校验、集散控制系统的检查和调校、信号报警、联锁保护系统的校验、仪表的联校等。

任务 3.1　化工仪表检测系统

● 职业技能目标

表 3-1　《化工总控工职业标准》（四级 / 中级工）

序号	职业功能	工作内容	技能要求
1	3. 故障判断与处理	3.1　故障判断	3.1.5　能判断计量偏离、温度计失灵等仪表故障
2		3.2　故障处理	3.2.1　能处理温度、压力、液位、流量等工艺参数异常

● 学习目标

知识目标

1. 理解化工仪表类型。
2. 正确识读 PID 图检测仪表符号。

能力目标

1. 能熟练使用仪表检测系统。
2. 能熟练运用 PID 图仪表符号了解工艺流程。
3. 能熟练使用现场进行检测仪表数据正确读取。
4. 能规范使用检测仪表，判断实训装置计量偏离、温度计失灵等仪表故障。

素质目标

1. 树立强烈的责任感和吃苦耐劳的精神。
2. 养成发现、分析和解决问题的能力。

● 任务导入

由于石油化工生产操作管道化、流程化、全封闭等特点，尤其是现代化的化工企业自动化水平很高，工艺操作与检测仪表密切相关，工艺人员通过检测仪表显示的各类工艺参数，如反映温度、物料流量、容器的压力和液位、原料的成分等来判断工艺的生产是否正常，产品的质量是否合格，根据仪表的指示调节控制工艺指标，甚至停车。

例如，仪表指示出现异常情况（指示偏高、偏低，不变化，不稳定等），本身包含两种因素：一是工艺因素，仪表正确地反映出工艺的异常情况；二是仪表因素，由于仪表（检测环境）某一环节出现故障导致工艺参数指示与实际不符。这两种因素总是混淆在一起，很难马上判断出故障到底出现在哪里，提高仪表故障判断能力，除对仪表原理、结构、性能特点熟悉外，还需熟悉测量系统中的每个环节。同时，对工艺流程及工艺介质的特性、化工设备的特性应有所了解，这能拓展思路分析和判断故障现象。

以实训装置为例，完成以下任务：

1. 举例讲解仪表系统三大系统。
2. 识读 PID 图仪表符号。
3. 在现场进行检测仪表数据正确读取。
4. 判断计量偏离、温度计失灵等仪表故障。
5. 确认现场仪表与总控室内压力、温度、液位、阀门等指示是否一致。

● 课前预习

1. 化工仪表在生产中的作用是什么？
2. 化工仪表的分类是怎样的？
3. 常见化工仪表的工作原理是什么？
4. 如何用图形符号表达化工仪表？

● 知识准备

随着现代化工自动化程度的迅速提高，仪表在生产中的作用越来越重要。它不仅能代替操作人员的眼睛，自动检测装置的运行情况，而且能替代人的大脑，对检测的数据进行复杂的运算，然后根据操作要求，像人的手一样进行自动控制。不仅如此，仪表的联锁保护系统，还预先设置了重大事故自动处理程序，当装置运行有发生事故趋势时，联锁保护系统将自动代替人做一系列安全停车动作，使装置处于安全停车状态。所以，在自动化水平较高的工厂，少量的操作人员，凭借仪表来操纵整个生产过程，并能使生产装置达到安全、稳定、长周期和优化运行。

化工仪表种类繁多，但作为仪表系统而言，通常可分为自动检测系统、自动调节系统和联锁报警系统三大类。而这三种仪表系统又分别由各类仪表组成，见表3-2。

表3-2 仪表系统的分类

系统名称	现场仪表	控制室仪表	用途
检测系统	检测元件、变送器	显示仪表、指示、记录、累积等	显示工艺参数
调节系统	检测元件、变送器执行机构	调节器、显示仪表运算器	显示并控制工艺参数
联锁报警系统	各类开关、变送器、电磁阀、执行机构	报警器、指示灯、联锁线路	显示运行状态，确保安全运行及紧急处理

上述所采用的仪表又可分别称为一次仪表、二次仪表及执行器三种类型。

一次仪表是指安装在现场的仪表。如用于测量温度的热电偶、热电阻；测量流量的节流孔板、流量开关；测量压力的开关、压力表；还有各类变送器等。

二次仪表是指安装在控制室的仪表。如指示仪、记录仪、调节器、各类计算仪表等。

执行器是安装在现场设备的管道上的仪表，它接受来自二次仪表的信号，通过它来控制工艺介质。常用的执行器如气动薄膜调节阀等。

（1）检测仪表。检测仪表是测量化工参数的基本仪表。通常按测量参数的性质来分，可分为压力测量仪表、温度测量仪表、流量测量仪表和物位测量仪表四大类型。另外，还有气体成分分析仪表。

① 压力测量仪表。

a. 液柱式压力仪表。以液体的液柱高度来测量压力的仪表。通常采用的液体为水银、水，称为 U 形管压力计。

b. 弹性元件式压力仪表。如弹簧管式压力开关等。它们都是利用弹性元件（弹簧管或波纹管）受压后产生位移的原理来检测压力的。

压力测量仪表

c. 活塞式压力计。活塞式压力计是基于静压平衡原理工作的，计算出单位面积上所承受的压力大小，它通常用作压力表或压力开关的校验仪器。

d. 电子式压力变送器。电子式压力变送器是以压力影响下某种电量的变化来测量压力的。目前广泛应用的有罗斯蒙特公司生产的 1151 压力变送器等。

② 温度测量仪表。

a. 热电偶。利用两种不同的金属，一端焊接在一起（热端），另一端为自由端（也称为冷端）。当热端与冷端存在温度差时，在冷端的两端形成热电势，其大小随温差而变化。通常，测量其热电势大小就可以得出其温度高低。常用的热电偶如镍铬 – 镍铝热电偶等。

温度测量仪表

b. 热电阻。利用金属（通常采用铂或铜）丝其电阻值随温度变化而变化的特性来测温。

以上两种元件常称为测温元件，可以将它们分别配上动圈式仪表来显示温度的高低。动圈式仪表是利用流过动圈的电流信号在磁场的作用下，使动圈产生偏转的原理来指示温度的高低。

c. 压力式温度计。压力式温度计是利用密封容器内工作介质的压力变化而变化的原理制成的。常用的有稳包式温度计等。

d. 电接点双金属温度计。电接点双金属温度计是由两种不同膨胀系数彼此牢固地结合在一起的金属片制成。随着温度的变化，双金属片产生变形弯曲从而测量温度。

e. 电子式自动平衡显示仪。电子式自动平衡显示仪也可以与热电偶、热电阻等配套来测量温度。和热电阻配套的是自动平衡电桥；而与热电偶配套的则是自动平衡电位差计。

③ 流量测量仪表。

a. 节流装置。常见的有孔板、1/4 圆喷嘴、文丘里管等。它们是利用流体经过节流装置时，产生节流作用，其流量大小与节流元件前后所产生的压差的平方根成比例的原理来工作的。

b. 容积式流量计。椭圆齿轮（腰轮）流量计就是一种容积式流量计。

流量测量仪表

其原理是两个啮合在一起的椭圆齿轮，由于流体的冲力而转动，转动圈数与流体的体积流量成比例的。

另外，还有速度式流量计、面积式流量计、旋翼式流量计及质量流量计等。

④ 物位测量仪表。

a. 浮筒式液位计。浮筒式液位计的工作原理是利用液位变化时，浸在介质中的浮筒所受的浮力大小也相应变化，从而带动扭力管发生旋转变化转轴的角位移，经变送部分转换为 20～100 kPa 的气讯号（气动浮筒液面计）；或转换成 4～20 mA 电信号（电动浮筒液面计）。

物位测量仪表

b. 浮球式液位计。当浮球随工艺介质液位升降时，其端部磁钢将排斥表壳内相同磁极的磁钢，带动触点动作，即输出开关信号。此表在敞开和承压容器的液位高低报警中常用作发讯。

c. 同位素液位计。利用放射性同位素的射线辐射强度变化去检测液位的仪表称同位素液位计。

d. 浮子钢带液位计。广泛应用于储罐液位的测量。

e. 用差压变送器测量液位。在化工转轴中，测量液位使用最为广泛的是采用差压变送器，无论是敞口容器还是差压容器。

f. 其他液位检测仪表。除以上几种液位计外，还有电容料位开关，它是利用高频检测物质电特性差别，从而检测有无物料的料位开关。

超声波料位计是利用超声波在遇到介质时被吸收而减弱，在不同的介质分界面上会产生反射和折射的现象测出超声波从发出至接收到回射波的时间来判断介质的高度。

（2）单元组合式仪表。

① 单元组合式仪表概述。单元组合式仪表是根据组成系统的若干个独立的单元而得名的。电动单元组合仪表简称 DDZ，是取电（Dian）、单（Dan）、组（Zu）三字汉语拼音的第一个大写字母的组合。电动单元组合仪表采用工频率电（工业用交流电 50 Hz，习惯叫工频）作电源，其输出信号采用国际统一标准 4～20 mmA DC 传输信号或 1～5 V DC 联络信号。

气动单元组合仪表是以压缩空气作为气源的。气动单元组合仪表的输出信号采用统一标准，即 20～100 kPa。

② 单元组合仪表分类。

a. 变送单元。将一定量程范围的工艺参数（如温度、压力、流量、液位）转换成 20～100 kPa（气动单元仪表）；或转换成 4～20 mmA DC（电动单元组合仪表）。

b. 转换单元。有气－电转换器；频率转换器等。

c. 运算单元。包括加法器、乘法器、除法器、开方器等。

d. 显示单元。有指示仪表、记录仪表、积算器等。

e. 给定单元。恒流给定器（提供 4～20 mmA 的恒定电流，作为直流信号源）等。

f. 调节单元。调节单元接受如变送单元来的测量讯号，给定单元来的给定讯号，然后进行比例、积分、微分运算后输出 4～20 mmA DC（或 20～100 kPa）至执行机构。

g. 辅助单元和执行单元。

（3）在线分析分析仪表。主要有气相色谱仪、氧分析仪、氢分析仪、红外线分析仪、

pH 计、电导仪和可燃气体报警仪。

（4）特殊仪表。如测量转动设备轴振动和位移值的仪表；测量转速的转速表和用于指示生产过程中参数越线值时发出声、光报警信号的闪光报警等。还有 PLC 可编程控制器和用于紧急停车联锁系统的 ESD。

（5）集散控制系统。集散控制系统是生产过程集中操作、集中管理和分散调节的系统，简称为集散系统，用"DCS"来表示。

由于集散系统是融合了计算机技术、控制技术、通信技术和图像显示技术四位一体的产物，所以其优越性是任何一台仪表所无法比拟的。

● **任务实践**

一、任务分组

表 3-3　任务 3.1 学生任务分配表

班级		组号		指导教师	
组长		教学任务		任务 3.1　化工仪表检测系统	
序号	姓名 / 小组		学号		任务分配
1					
2					
3					
4					
5					
6					

二、任务实施

从化工仪表的分类基本知识出发，与实训装置相结合，对实训装置现场仪表进行归纳分类，将现场仪表与 PID 图仪表符号一一对应，能分别讲解现场仪表的检测系统、调节控制系统、报警联锁系统，能讲解其名称、工作原理、故障现象及分析处理。能在现场读取检测仪表数据，能分析处理计量偏离、温度计失灵等仪表故障。

按照具体实施步骤填写表 3-4。

表 3-4 任务 3.1 实施工单

工作任务	任务 3.1 化工仪表检测系统		
	实施步骤		
序号	实施内容	注意事项	负责人
1	了解化工仪表分类基本知识。 1. 选择题 （1）测量高温介质或水蒸气的压力时要安装（　　）。 　A. 冷凝器　　　　　B. 隔离罐 　C. 集气器　　　　　D. 沉降器 （2）各种仪表在使用一段时间后(不包括损坏的)都应（　　）。 　A. 报废　　　　　　B. 校验 　C. 继续使用　　　　D. 不做任何处理化工 （3）化工自动化仪表按其功能不同，可分为四个大类，即（　　）、显示仪表、调节仪表和执行器。 　A. 现场仪表　　　　B. 异地仪表 　C. 检测仪表　　　　D. 基地式仪表 （4）热电偶测量时，当导线断路时，温度记录仪表的指示在（　　）。 　A. 0 ℃　　　　　　B. 机械零点 　C. 最大值　　　　　D. 原测量值不变 （5）热电偶通常用来测量（　　）500 ℃的温度。 　A. 高于等于　　　　B. 低于等于 　C. 等于　　　　　　D. 不等于 （6）使用时要注意"零点迁移"问题的液位计是（　　）。 　A. 玻璃式液位计　　B. 浮标式液位 　C. 电气式液位计　　D. 差压式液位计 2. 判断题 （1）TRC-121 表示的意义为工段号为1，序号为21 的温度记录控制仪表。　　　（　　） （2）测量液体压力时，压力表取压点应在管道下部，测量气体压力时，取压点应在管道上部。 　　　　　　　　　　　　　　　（　　） （3）测量蒸汽压力时，应加装凝液管和隔离罐。 　　　　　　　　　　　　　　　（　　） （4）差压变送器只能用于流量检测系统。（　　）		
2	讲解实训装置仪表系统三大系统（举例） （1）自动检测系统位号：_____ （2）自动调节系统位号：_____ （3）联锁报警系统位号：_____	现场识别自动检测系统、自动调节系统和联锁报警系统	
3	识读实训装置 PID 图检测仪表符号，与现场检测仪表设备一一对应	按仪表分类，将检测仪表 PID 符号与现场检测仪表一一对应	

序号	实施内容	注意事项	负责人
4	在实训装置现场读取检测仪表数据，确认现场仪表与总控室内压力、温度、液位、阀门等指示是否一致，判断实训装置计量偏离、温度计失灵等仪表故障	现场仪表读取数据与DCS显示数据进行比较，是否相符，若有偏差，进行分析处理	

示范展示	
展示任务	展示要求
化工仪表分类基本知识的了解情况	随机抽取同学，分享自己所学和所思
讲解实训装置仪表系统三大系统	小组推选一人，向全班同学分析讲解实训装置仪表系统三大系统
识读实训装置PID图检测仪表符号，与现场检测仪表设备一一对应	小组推选一人，向全班同学分析讲解实训装置检测仪表符号
在实训装置现场读取检测仪表数据，判断实训装置计量偏离、温度计失灵等仪表故障	小组推选一人，向全班同学分析实训装置仪表检测偏差的原因及处理

三、任务评价

表 3-5 任务 3.1 评价表

自我评价		
评价项目	评价标准	得分
理论知识	A. 90～100分 B. 80～90分	
实践技能	C. 70～80分	
成果展示	D. 60～70分 E. 0～60分	
合计		
小组评价		
评价项目	标准	得分
计划合理		
方案合理		
团队合作		
组织有序	优（8分） 良（7分） 中（6分） 差（4分）	
工作质量		
工作效率		
工作完整		
工作规范		
识读报告		
成果展示		
合计		

教师评价				
评价任务		评价标准	分值	得分
考勤（10%）		无无故迟到、早退、旷课	10	
工作过程 （60%）	应知	能完成应知任务，正确描述相关知识概念、工程术语，并能初步应用于实践中	10	
	应会	能正确完成应会操作任务，能理解操作步骤的原理和目标	10	
	工作态度	态度端正、工作认真、主动	5	
	协调能力	与小组成员之间能合作交流，协调工作	5	
	职业素质	能做到安全生产，文明工作，保护环境，爱护公共设施	5	
项目成果 （30%）	工作完整	能按时完成任务	5	
	工作规范	按任务要求执行	5	
	语言图文汇报	交流顺畅、资料完整	20	
	现场操作展示	操作准确、知行合一	25	
合计			100	
综合评价				
自评（20%）	小组互评（30%）	教师评价（50%）		综合得分

四、总结反思

根据评价结果，总结自我不足。

任务 3.2　自动化控制系统

职业技能目标

表 3-6　《化工总控工职业标准》（五级 / 初级工）

序号	职业功能	工作内容	技能要求
1	2. 生产操作	2.2　运行操作	2.2.1　能根据指令用自动控制系统调节工艺参数

学习目标

知识目标

理解化工自动化控制系统原理。

能力目标

1. 能熟练操作调节控制系统。

2. 能熟练操作串级控制系统、分程控制系统。

3. 能解决仪表调节控制系统的调节阀常见故障。

素质目标

1. 具备发现问题及时沟通和与人合作、岗位与岗位之间合作解决的能力。

2. 养成自主学习习惯，提高信息检索和加工能力。

任务导入

随着科学技术的不断发展，化工自动化技术得到了明显提高。DCS 控制系统是化工自动化技术中一种高度的控制系统，在化工生产活动中发挥重要的自动化作用，提高化工自动化的效率和质量。DCS 控制系统也被称为工业大脑。其工作原理如图

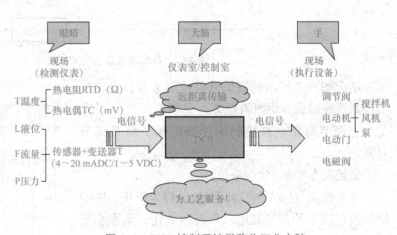

图 3-1　DCS 控制系统俗称为工业大脑

3-1 所示。现场检测仪表仿佛人的眼睛，检测工艺生产指标如温度、液位、流量、压力等，通过电信号将检测数据传输到控制室 DCS 系统，DCS 控制系统好像是人的"大脑"，

将检测数据与"指标设定值"比较和计算，再输出电信号至现场执行器，如调节阀。调节阀如同人的手根据 DCS 系统电信号的改变而开大或关小，从而使生产指标控制在"指标设定值"附近。

● 任务描述

以实训装置为例，完成以下任务：

1. 现场讲解调节控制系统的组成和控制原理。
2. 现场讲解调节控制系统的分类，举例讲解和操作串级控制、分程控制系统。
3. 现场讲解仪表调节控制系统的调节阀常见故障及处理方法。

● 课前预习

1. 控制系统由哪几个部分组成？
2. 简单均匀控制系统的工作原理是什么？
3. 气动薄膜调节阀的结构和工作原理是什么？
4. 串级控制系统、分程控制系统的工作原理是什么？

● 知识准备

（1）控制系统的组成。自动控制系统由调节对象、测量变送、调节器、调节阀四个部分组成，如图 3-2 所示。

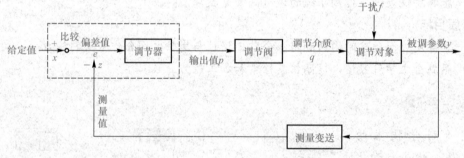

图 3-2　自动调节系统组成方框图

结合图 3-3 所示的锅炉液位控制来分析自动调节控制系统组成方块图的意义。

①调节对象。被控制的设备，锅炉就是调节对象。

②被调参数 y。汽包液位。

③干扰 f。凡是影响被调参数的称为干扰。影响锅炉汽包液位的因素如用汽负荷的变化、给水水压的变化等，这些因素均称为干扰。

④调节介质。利用阀门去改变物料进料量，这种手段称为调节作用，所用介质即注入锅炉中的水

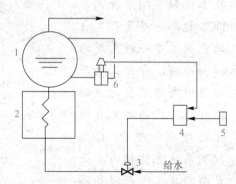

图 3-3　锅炉汽包给水自动调节
1—汽包；2—加热器；3—调节阀；4—调节器；5—给定器；6—变送器

就是调节介质。

⑤测量变送。对被调参数（汽包液位）进行测量后变成统一的电信号，液位变送器完成上述作用。

⑥测量值 z。变送器输出值。

⑦给定值 x。一个恒定的与正常的被调参数相对应的信号值。

⑧偏差值 e。给定值与测量值之差。

⑨调节器输出 p。调节器根据偏差，按一定的规律发出相应的信号 p 去调节阀。

⑩调节阀。根据调节器输出 p 对锅炉进水量进行调节。

（2）PID 控制。调节器根据偏差按一定的规律进行调节，通常用的调节规律为 PID 调节，即比例、积分和微积分调节。

（3）控制系统的分类。控制系统通常可分为简单控制系统和复杂控制系统。

①简单控制系统。用一个测量元件和变送器、一个调节器和一个调节阀，对一个参数控制的系统叫作简单控制系统，这是化工生产过程中使用最广泛的一类系统。如液位控制系统、压力控制系统、温度控制系统、流量控制系统和成分控制系统。

简单控制系统
原理

下面介绍调节阀和调节器的两个基本概念：

a. 气开阀和气关阀。在 PID 图调节控制系统中，调节阀旁注明 FC 和 FO，即调节阀可分为气开阀（FC）和气关阀（FO）两种。选择气开阀和气关阀是从工艺安全角度来考虑的，即当某种原因造成调节阀的气动管路上没有气信号时，该阀从安全角度应该是关的，则选气开阀（FC 事故关），如图 3-4 所示，即有气开、无气关；反之该阀从安全角度应该是开的则选气关阀（FO 事故开），如图 3-5 所示，即有气关、无气开。例如，生产中发生仪表空气中断、DCS 离线故障时，调节阀将自动全开或全关，使装置处于安全状态。

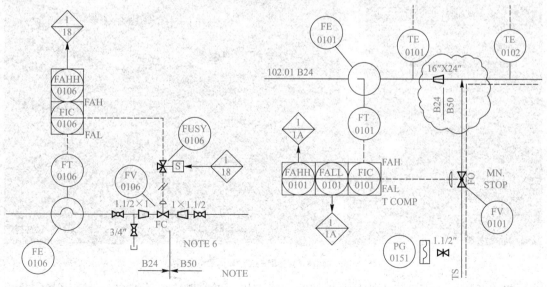

图 3-4　仪表控制回路（FC 事故关）　　图 3-5　仪表控制回路（FO 事故开）

b. 调节器的正作用和反作用。当调节阀确定后，如调节阀为 FO，即气关阀，调节器的正作用即当测量值大于给定值时，其输出增大；反之则减少。调节器的反作用即当测量值大于给定值时，其输出减少；反之则增大。

②复杂控制系统。凡是在一个控制系统中有两台以上的变送器或调节器或执行器等主要的自动化工具来完成复杂的特殊调节任务就叫作复杂控制系统。其种类繁多，常见的有串级、均匀、比值、多冲量、分程、选择、前馈等控制系统。

a．串级控制系统。采用不止一个调节器，而且调节器之间相串接，主调节器的输出作为副调节器的给定值，副调节器的输出控制调节阀的系统，叫作串级调节系统。串级控制系统的特点：要控制的参数为主参数。接受主参数的调节器为主调节器，接受副参数的调节器为副调节器。由于比简单控制回路多了一个闭合的副调节回路，因此，提高了系统克服干扰的能力。

串级控制系统
原理

具体案例：甲醇精馏预塔 D-0401 的塔釜温度控制 TIC005 和再沸器热物流进料 FIC005 构成一串级回路。温度调节器的输出值同时是流量调节器的给定值，即流量调节器 FIC005 的 SP 值由温度调节器 TIC005 的输出 OP 值控制，TIC005.OP 的变化使 FIC005. SP 产生相应的变化，如图 3-6 所示。

串级控制系统的投运操作：将副调节器置于手动，手操阀门观察主参数使其稳定在给定值；将副调节器由手动投入自动；主调节器置于手动，手操其输出，观察其输出值并使其与副调节器给定值相等；随即将副调节器由内给定切到外给定；将主调节器投入自动。

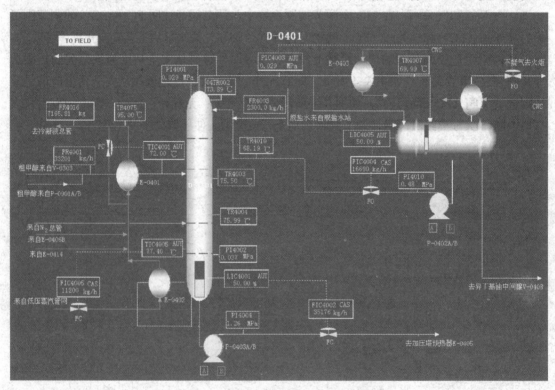

图 3-6　预塔 TIC005-FIC005 串级回路

操作要点：为保证投串级控制系统时实现无扰动平稳切换，关键在于保证主调节器的输出要与副调节器的内给定相等。副回路具有"先调""快调""粗调"的特点，而主回路则具有"后调""慢调""细调"的特点，对副回路没有克服的，但大大削弱的干扰能彻底克服掉。因此，串级控制系统具有克服干扰快，调节精度高的特点。

b. 分程控制系统。所谓分程控制系统，是指一个调节器分别控制两个或更多调节阀构成的控制系统。如图 3-7 所示为甲醛装置废热锅炉 E-102 蒸汽压力控制流程图，图 3-8 所示为甲醛装置废热锅炉 E-102 蒸汽压力分程控制系统图，PIC0501A/B 为分程调节系统。甲醛装置废热锅炉 E-102 产生的蒸汽，由 PV-0501A 阀送出，PV-0501B 阀是一个放空阀，锅炉蒸汽压力调节由 PV-0501A/B 两个阀进行分程调节。

氮封分程控制原理

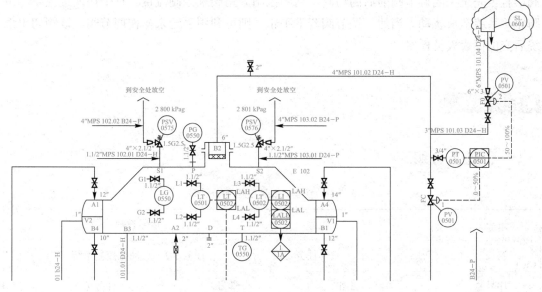

图 3-7 甲醛装置废热锅炉 E-102 蒸汽压力控制流程图

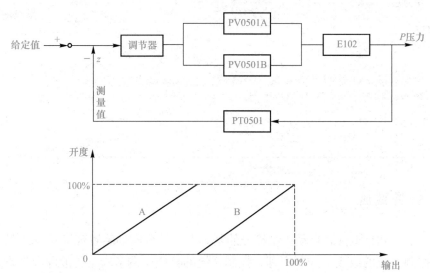

图 3-8 甲醛装置废热锅炉 E-102 蒸汽压力分程控制系统图

为了实现分程控制，调节器输出 4 ～ 20 mA 信号进行分段控制两个阀，即 4 ～ 12 mA 信号段控制 A 阀；12 ～ 20 mA 段控制 B 阀。废热锅炉 E102 压力变送器 PT0501 进行检测后送到调节器 PIC0501。调节器为正作用，PV0501A 为气开阀（FC），当锅炉 E102 压力升高，调节器输出增大，A 阀开大，直至全开，当压力仍高于给定值，则调节器输出大于 12 mA，此时就打开 B 阀，通过 B 阀开度来控制压力；反之，当锅炉压力低于给定值，调节器输出减少，先关闭 B 阀，直至全关，若压力仍低，则继续关 A 阀，利用 A 阀来控制压力。

（4）调节阀常见故障及处理方法。当调节阀发生卡塞现象时，也就是说当调节器输出信号变换，而调节阀的行程却无变化时，操作人员应切断前后的截止阀，慢慢打开旁路阀，直至完全关闭调节阀前后的切阀，利用控制旁路阀来控制流量。整个切换过程要尽量防止给系统造成扰动。当然，调节阀若带手轮，则可利用手轮来操作调节阀。该阀切出系统后交由仪表人员检修。

● **任务实践**

一、任务分组

表 3-7　任务 3.2 学生任务分配表

班级		组号		指导教师	
组长		教学任务		任务 3.2　自动化控制系统	
序号	姓名/小组		学号	任务分配	
1					
2					
3					
4					
5					
6					

二、任务实施

在正确识读 PID 图仪表自动控制符号的基础上，结合实训装置现场和 DCS 控制系统，分别学习控制系统的组成、控制原理、控制系统的分类、调节阀常见故障及处理方法，能熟练操作 DCS 控制系统（该操作训练在化工仿真操作课程完成），能发现控制系统的故障现象，做出正确的分析判断和处理。

按照具体实施步骤填写表 3-8。

表 3-8　任务 3.2 实施工单

工作任务	任务 3.2　自动化控制系统		
实施步骤			
序号	实施内容	注意事项	负责人
1	了解自动控制系统基本知识。 1. 选择题 （1）串接控制系统中，主、副调节器的内、外给定形式分别是（　　）。 A. 主调节器为外给定，副调节器为内给定 B. 主调节器和副调节器都为外给定 C. 主调节器和副调节器都为内给定 D. 主调节器为内给定，副调节器为外给定 （2）控制系统中控制器正、反作用的确定依据（　　）。 A. 实现闭环回路正反馈　　　　B. 系统放大倍数合适 C. 生产的安全性　　　　　　　D. 现闭环回路负反馈 （3）由手动遥控切换到自动控制必须是（　　）。 A. 快速的　　　　　　　　B. 无扰动的 C. 单方向的　　　　　　　D. 缓慢的 （4）由一个调节器的输出信号分别控制两个调节器，这种调节称（　　）。 A. 串级调节　　　　　　　B. 比例调节 C. 分程调节　　　　　　　D. 复杂调节 （5）在化工自动控制系统中，气动执行器气开阀、气关阀的选择主要是依据（　　）。 A. 控制器的型式　　　　　B. 管道的位置 C. 生产安全　　　　　　　D. 工艺要求 （6）在自动控制系统中，控制器的作用通过（　　）完成。 A. 检测仪表　　　　　　　B. 变送器 C. 执行器　　　　　　　　D. 自动成分分析仪表 （7）在自动控制系统中，仪表之间的信息传递都采用统一的信号，它的范围是（　　）。 A. 0～10 mA　　　　　　　B. 4～20 mA C. 0～10 V　　　　　　　　D. 0～5 V （8）自动控制系统的控制作用不断克服（　　）的过程。 A. 干扰影响　　　　　　　B. 设定值变化 C. 测量值影响　　　　　　D. 中间量变化 （9）自动控制系统中完成比较、判断和运算功能的仪器是（　　）。 A. 变送器　　　　　　　　B. 执行装置 C. 检测元件　　　　　　　D. 控制器 2. 判断题 （1）调节阀气开、气关作用形式选择原则是一旦信号中断，调节阀的状态能保证人员和设备的安全。（　　） （2）管式加热炉中的燃料调节阀应选用气关阀。（　　） （3）简单化工自动控制系统的组成包括被控对象、测量元件及变送器、控制器、执行器等。（　　） （4）控制系统由控制器、控制阀、被控对象、测量元件和变送器组成。（　　） （5）气开阀在没有气源时，阀门是全开的。（　　） （6）为了确保加热炉的安全控制系统应选择气开阀和反作用控制器。（　　） （7）在控制系统中，最终完成控制功能是执行器。因此执行器是控制系统的核心。（　　）		

序号	实施内容	注意事项	负责人
2	现场讲解调节控制系统的组成和控制原理。 （1）自动控制系统是由四个部分组成，即_____、_____、_____、_____。 （2）控制原理（口述） 	以实训装置为例	
3	现场讲解调节控制系统的分类，举例讲解和操作串级控制、分程控制系统。 （1）控制系统通常分为_____系统和_____系统。 （2）接受主参数的调节器为调节器，接受副参数的调节器_____为调节器。主调节器的输出作为副调节器的_____。 （3）所谓分程控制系统就是_____调节器分别控制_____调节阀构成的控制系统	以实训装置为例	
4	现场讲解仪表调节控制系统的调节阀常见故障及处理方法（口述）	以实训装置为例	

示范展示	
展示任务	展示要求
自动控制系统基本知识的了解情况	随机抽取同学，分享自己所学和所思
现场讲解调节控制系统的组成和控制原理	小组推选一人，向全班同学分析讲解实训装置调节控制系统的组成和控制原理
现场讲解调节控制系统的分类，举例讲解和操作串级控制、分程控制系统	小组推选一人，向全班同学分析讲解实训装置调节控制系统的分类，举例讲解和操作串级控制、分程控制系统
现场讲解仪表调节控制系统的调节阀常见故障及处理方法	小组推选一人，向全班同学分析讲解实训装置调节阀常见故障及处理方法

三、任务评价

表 3-9　任务 3.2 评价表

自我评价		
评价项目	评价标准	得分
理论知识	A. 90 ～ 100 分 B. 80 ～ 90 分	
实践技能	C. 70 ～ 80 分	
成果展示	D. 60 ～ 70 分 E. 0 ～ 60 分	
合计		

小组评价		
评价项目	标准	得分
计划合理		
方案合理		
团队合作		
组织有序		
工作质量	优（8分） 良（7分） 中（6分） 差（4分）	
工作效率		
工作完整		
工作规范		
识读报告		
成果展示		
合计		

教师评价				
评价任务		评价标准	分值	得分
考勤（10%）		无无故迟到、早退、旷课	10	
工作过程（60%）	应知	能完成应知任务，正确描述相关知识概念、工程术语，并能初步应用于实践中	10	
	应会	能正确完成应会操作任务，能理解操作步骤的原理和目标	10	
	工作态度	态度端正、工作认真、主动	5	
	协调能力	与小组成员之间能合作交流，协调工作	5	
	职业素质	能做到安全生产，文明工作，保护环境，爱护公共设施	5	
项目成果（30%）	工作完整	能按时完成任务	5	
	工作规范	按任务要求执行	5	
	语言图文汇报	交流顺畅、资料完整	20	
	现场操作展示	操作准确、知行合一	25	
合计			100	

综合评价			
自评（20%）	小组互评（30%）	教师评价（50%）	综合得分

四、总结反思

根据评价结果，总结自我不足。

任务 3.3 信号报警与联锁保护系统

● 职业技能目标

表 3-10 《化工总控工职业标准》（四级／中级工）

序号	职业功能	工作内容	技能要求
1	3. 故障判断与处理	3.1 故障判断	3.1.4 能判断导致联锁动作的原因
2	1. 生产准备	1.2 设备与动力准备	1.2.2 ★能确认联锁保护系统状态正常（三级／高级工）

● 学习目标

知识目标

1. 理解信号报警与联锁保护系统设置目的及逻辑关系。

2. 理解仪表的工艺校验和故障处理知识。

能力目标

1. 能操作信号报警与联锁保护系统。

2. 能分析实训装置联锁保护系统四个方面保护措施。

3. 能使用"紧急停车"按钮，灵活运用联锁投运、旁路、复位的关系，能确认联锁保护系统状态是否正常，并分别举例操作。

4. 能管理检查检测系统、控制系统、集散控制系统、信号报警、联锁保护系统。

5. 能运用相关知识进行检测系统故障、DCS 系统故障处理操作。

6. 能熟练使用仪表，判断现场仪表与总控室内压力、温度、液位、阀门等指示是否一致。

素质目标

树立工作责任意识，提高发现、分析和解决问题的能力。

● 任务导入

化工生产安全第一，为了保护人身和设备的安全，除在设备上安装安全阀、防爆板、呼吸阀等安全附件外，化工装置预先设计好一些逻辑动作关系。当某些关键工艺参数超越极限值时，发出警告信息，提示处理，若参数变化趋势未得到控制，逻辑关系将自动动作，自动启动备用设备或自动停车，切断与事故有关的各种联系，以避免事故的发生或限制事故的发展，防止事故的进一步扩大。

例如，甲醇合成塔操作温度 TR6006 高报警值 265 ℃，联锁值 270 ℃，说明合成塔温度高于 265 ℃、低于 270 ℃时报警，提示操作人员及时控制处理，若温度继续升高至 270 ℃，联锁系统输出动作信号，使原料气进气阀 FRCA6001 和氢气进料阀 FRCA6002 关闭，蒸汽透平电磁阀 SP6001 关闭，压缩机停运，整个甲醇合成系统处于停车状态，避免反应器温度继续上升。特别注意的是，联锁动作后，FRCA6001、FRCA6002、SP6001 处于关闭状态，无法直接打开，处理方法是等待联锁条件消除后，按"SP6001 复位"按钮，透平电磁阀 SP6001 复位后，才能够手动开启进料控制阀 FRCA6001 和 FRCA6002。

以上案例说明报警与联锁系统知识和技能的重要性，操作人员必须重点学习掌握，应首先了解装置哪些工艺参数设置了报警和联锁，为什么这些参数要设置联锁保护，联锁逻辑动作的结果是什么，为什么要联锁"复位"后，才能操作相应动作的阀门，"复位"的条件是什么？

● 任务描述

以实训装置为例，完成以下任务：

1. 列出装置的信号报警、联锁保护参数。
2. 列出信号报警与联锁保护系统，讲解设计目的。
3. 从联锁保护系统四个方面分析实训装置的保护措施。
4. 说明哪些情况下需要按"紧急停车"按钮，分析联锁投运、旁路、复位的关系，能确认联锁保护系统状态是否正常，并分别举例操作。

● 课前预习

1. 化工装置为什么要设置信号报警、联锁保护系统？
2. 联锁保护系统包括哪四个方面？

● 知识准备

（1）概述。信号报警与联锁保护系统是根据装置和设备安全的工艺要求，当某些关键工艺参数超越极限值时，发出警告信息，并按照事先设计好的逻辑关系动作，自动启动备用设备或自动停车，切断与事故有关的各种联系，以避免事故的发生或限制事故的发展，防止事故的进一步扩大，保护人身和设备的安全。

实现报警与联锁保护系统的仪表通常可采用可编程序控制器（PLC），紧急停车系统（ESD）；或是 DCS 中的逻辑控制模块及数字量 I/O 组件；或是继电器组件。

联锁逻辑系统接受来自现场的开关量或接点信号。经逻辑运算后，发出指令去操纵执行器（如电磁阀）或送出一个接点信号去启动备用设备。

DCS 与 PLC 的区别：都具有多种运算功能，硬件组成大致相同。但是 DCS 着重于整个系统的监视和操作控制，而 PLC 是只处理生产过程系统中重要的跳车联锁相关联的阀门动作；PLC 处理速度是毫秒级，比 DCS 反应快得多。

（2）联锁保护系统的分类。联锁保护系统包括以下四个方面：

①工艺联锁。由于工艺系统某参数超限而引发的联锁动作。如大化肥尿素装置中，尿素合成塔压力超过联锁值时，联锁系统 PLC 自动对装置作紧急停车处理，自动切断进料，并卸压。

②机组联锁。运转设备本身或机组之间的联锁。如大化肥尿素装置中，为保护核心设备 CO_2 压缩机，设置了轴温、轴振动、轴位移、防喘振等联锁保护，当某个联锁参数超过联锁值，联锁动作跳车，装置也会自动进行紧急停车动作。

③程序联锁。确保按预定程序或时间次序对工艺设备进行自动操纵。如合成氨的辅助锅炉引火喷嘴与回火、脱火、停燃料气的联锁。

④各种泵的开停。单机受联锁触点控制。如泵进口罐液位高，泵自启动；液位低，自动停泵。泵出口总管压力低，备用泵联锁自启动。

（3）信号报警、联锁保护系统技术要求。

①在正常工况时，系统能指示装置和设备的正常开、停车运转状况。

②当工艺过程出现异常情况时，系统能发出声光报警，并按规定的程序保证安全生产，可实现紧急操作（切断或排放）、安全停车、紧急停车或自动启动备用设备，也可实现延时要求。

③系统要求设有手动／自动转换开关及切除开关。

④系统还要求具有延时、缓冲记忆、保持、选择、触发及第一事故原因识别等功能，并能将事故（报警和联锁的原因）信息存储及打印的功能。

（4）联锁保护系统管理制度。

①联锁保护系统根据其重要性，实行分级管理。

②联锁保护系统需要变更（包括设定值、联锁程序、联锁方式等）、解除或取消时，必须办理手续。解除联锁保护系统时应制定相应的防范措施及整改方案等。

③执行联锁保护系统的变更、临时／长期解除、取消等作业时，应办理联锁保护系统作业（工作）票，注明该作业的依据、作业执行人／监护人、执行作业内容、作业时间等。

④新装置或设备检修投运之前、长期解除的联锁保护系统恢复之前，应对所有的联锁回路进行全面的检查和确认。对联锁回路的确认，应组织相关专业人员共同参加，检查确认后，应填写联锁回路确认单（表）。

⑤联锁保护系统所用器件（包括一次检测元件、线路和执行元件）、运算单元应随装置停车检修进行检修、校准、标定。新更换的元件、仪表、设备必须经过检验、标定之后方可装入系统。联锁保护系统检修后必须进行联校。

⑥新增联锁保护系统必须做到图纸、资料齐全。

⑦为杜绝误操作，在进行解除或恢复联锁回路的作业时，工艺人员必须实行监护操作。在操作过程中，应使仪表与工艺操作人员保持密切联系。处理后，仪表和工艺人员必须在联锁工作票上详细记载并签字确认。

⑧联锁系统的盘前开关、按钮均由操作工操作；盘后开关、按钮均由仪表人员操作。

⑨凡紧急停车按钮，均应设有可靠的护罩。

⑩联锁保护系统应具有足够的备品配件。

联锁保护系统仪表的维护和检修按《石油化工设备维护检修规程》（SHS 06001～SHS 06009—2004）要求进行。

（5）信号报警与联锁保护系统的常见故障及处理方法。信号报警与联锁保护系统中常常发生仪表的误报警，这时首先检查报警灯泡是否坏了，若坏了则更换。若是程控器

（PLC）或继电器、电源等重要部分发生故障则必须把调节回路切到手动位置，经操作工和仪表工共同确认后，办好联锁停运工作票，将联锁切除，进行更换备件或检修。无论是采用短路还是用旁路开关方式切除联锁，均要谨慎从事，一定要对照图纸，再三核实无误后方可进行。故障处理结束后，应立即通知操作人员，办理联锁投运工作票，经批准后方可投运。

● 任务实践

一、任务分组

表 3-11 任务 3.3 学生任务分配表

班级		组号		指导教师	
组长		教学任务		任务 3.3 信号报警与联锁保护系统	
序号	姓名 / 小组		学号	任务分配	
1					
2					
3					
4					
5					
6					

二、任务实施

结合实训装置，能在 PID 图上找到联锁逻辑仪表符号，能正确识读其保护对象及联锁动作逻辑关系与动作结果。

可以在化工仿真软件操作系统里做报警联锁实验，例如调节甲醇合成塔的温度，使其达到温度高报警，再高至联锁动作，实验目的是观察报警和联锁的现象及动作结果，以及联锁动作后如何"复位"操作。

按照具体实施步骤填写表 3-12。

表 3-12 任务 3.3 实施工单

工作任务	任务 3.3 信号报警与联锁保护系统		
实施步骤			
序号	实施内容	注意事项	负责人

1	了解信号报警与联锁保护系统的基本知识。 (1) 化工装置为什么要设置信号报警与联锁保护系统？ (2) 联锁保护逻辑关系动作的结果有哪些？ (3) 联锁保护化工装置有哪四个方面？ (4) 了解信号报警与联锁保护系统的常见故障及处理方法。		
2	列出实训装置的信号报警、联锁保护参数，讲解设置目的。 信号报警： (1) 液位报警位号：_____ (2) 温度报警位号：_____ (3) 压力报警位号：_____ (4) 流量报警位号：_____ 联锁保护： (1) 液位联锁位号：_____ (2) 温度联锁位号：_____ (3) 压力联锁位号：_____ (4) 流量联锁位号：_____	从人员和设备安全角度考虑	
3	填写实训装置联锁保护系统四个方面保护措施。 (1) 工艺联锁位号：_____ (2) 机组联锁位号：_____ (3) 程序联锁位号：_____ (4) 各种泵的开停位号：_____	不只是工艺参数	
4	说明哪些情况下需要按"紧急停车"按钮，能分析联锁投运、旁路、复位的关系，能确认联锁保护系统状态是否正常，并分别举例操作（口述）	总控工故障判断处理检验操作人员的操作水平	

示范展示	
展示任务	展示要求
信号报警与联锁保护系统基本知识了解情况	随机抽取同学，分享自己所学和所思
装置的信号报警与联锁保护参数，讲解设置目的	小组推选一人，向全班同学分析讲解联锁保护设置目的
从联锁保护系统四个方面分析本装置的保护措施	小组推选一人，向全班同学分析讲解从联锁保护系统四个方面分析本装置设置了哪些保护措施
按紧急停车按钮，能分析联锁投运、旁路、复位的关系，能确认联锁保护系统状态是否正常，并分别举例操作	小组推选一人，向全班同学分析讲解实训装置联锁系统各种异常情况的处理

三、任务评价

表 3-13　任务 3.3 评价表

自我评价		
评价项目	评价标准	得分
理论知识	A. 90～100 分 B. 80～90 分 C. 70～80 分 D. 60～70 分 E. 0～60 分	
实践技能		
成果展示		
合计		

小组评价		
评价项目	标准	得分
计划合理		
方案合理		
团队合作		
组织有序		
工作质量	优（8分） 良（7分） 中（6分） 差（4分）	
工作效率		
工作完整		
工作规范		
识读报告		
成果展示		
合计		

教师评价			
评价任务	评价标准	分值	得分
考勤（10%）	无无故迟到、早退、旷课	10	
工作过程（60%）　应知	能完成应知任务，正确描述相关知识概念、工程术语，并能初步应用于实践中	10	
应会	能正确完成应会操作任务，能理解操作步骤的原理和目标	10	
工作态度	态度端正、工作认真、主动	5	
协调能力	与小组成员之间能合作交流，协调工作	5	
职业素质	能做到安全生产，文明工作，保护环境，爱护公共设施	5	

项目成果（30%）	工作完整	能按时完成任务	5	
	工作规范	按任务要求执行	5	
	语言图文汇报	交流顺畅、资料完整	20	
	现场操作展示	操作准确、知行合一	25	
合计			100	

综合评价			
自评（20%）	小组互评（30%）	教师评价（50%）	综合得分

四、总结反思

根据评价结果，总结自我不足。

任务 3.4　仪表的工艺校验和故障处理

● 职业技能目标

表 3-14　《化工总控工职业标准》（四级 / 中级工）

序号	职业功能	工作内容	技能要求
1	4. 设备维护与保养	4.1　设备维护	4.1.2　能落实现场压力、温度、液位等仪表交出检修的安全措施
2	1. 生产准备	1.3　设备与动力准备	1.3.5　能确认现场仪表与总控室内压力、温度、液位、阀位等指示一致（五级 / 初级工）

● 学习目标

知识目标

1. 理解检测和控制系统的校验。
2. 理解集散控制系统的检查和调校。
3. 理解信号报警、联锁保护系统的校验。
4. 理解仪表的联校。

能力目标

1. 能操作检测和控制系统的校验。
2. 能操作集散控制系统的检查和调校。
3. 能配合仪表人员进行信号报警、联锁保护系统的校验。
4. 能配合仪表人员进行仪表的联校工作。

素质目标

1. 提高科技创新意识。
2. 树立强烈的责任感，具备吃苦耐劳的精神。

● 任务导入

化工装置开车前，为保障仪表能正常运行应进行校验，操作人员应会或配合相关校验操作；同时，操作人员还应具备能发现仪表故障、分析处理仪表故障的能力。

● 任务描述

以实训装置为例，完成以下任务：

1. 进行检测系统、控制系统、集散控制系统、信号报警、联锁保护系统检查。
2. 模拟进行检测系统故障、DCS 系统故障处理操作。
3. 确认现场仪表与总控室内压力、温度、液位、阀门等指示是否一致。

1．检测和控制系统为什么要校验？
2．集散控制系统为什么要检查和调校？
3．信号报警与联锁保护系统为什么要校验？
4．何时需要进行仪表的联校？

● 知识准备

（1）检测和控制系统的校验。在化工装置原始开车和装置检修后，应由仪表人员对装置仪表进行校验，工艺人员配合。工艺人员在开车准备阶段，也应对调节阀、液位计等进行校验。如对调节阀的校验，由总控人员在 DCS 上对调节阀输出 25%、50%、75%、100% 信号，现场人员在调节阀现场进行确认，是否输出信号与实际开度对应；有现场液位计的应与 DCS 显示数据进行核对。温度、压力及流量计等仪表，工艺人员在开车准备和开车进程中也应注意观察，若发现故障立即联系仪表人员处理。对于装置重要的仪表出现故障，必须待检修校验正常后才能继续开车。

（2）集散控制系统的检查和调校。在装置开车前，应由仪表人员对 DCS 系统进行检查和调校。工艺总控工应对 DCS 画面设备、阀门的状态和颜色，各检测参数是否有显示等进行确认，并对整个装置调节阀进行现场比对校验。

DCS 故障分两种情况，一种对生产运行无影响；另一种将导致装置停车。

①对生产运行无影响的故障。如硬件或软件故障，出现个别 DCS 操作屏幕不能操作、黑屏或死机等现象，这对生产运行无直接影响。此时应立即通知仪表人员处理，通常需要更换硬件，系统重启或停机后重新通电恢复。

②造成装置紧急停车的故障。如 UPS 系统故障或 DCS 离线，发生故障时，生产装置自动全线紧急停车。此时，DCS 无法操作，生产装置在联锁动作下安全停车，这种故障一般为瞬间发生，立即供电后 DCS 恢复运行，工艺人员应立即进行相应的停车处理。总控应将所有调节阀转为手动操作。

（3）信号报警、联锁保护系统的校验。在信号报警、联锁保护系统投运之前，仪表人员应对系统进行离线调试，并得到工艺人员的确认后，方可投用。

①首先必须事先熟悉报警联锁图。搞清楚每个联锁动作的含义；了解联锁保护系统的组成，如有几个原因侧，几个动作侧，组成怎样的逻辑运算方案等。

②单独对执行器（如电磁阀）进行调校，保证动作正常。

③单独对实现联锁保护功能的 PLC、ESD 或 DCS、继电器组件进行调试。逻辑运算控制模块组态满足工艺设计要求，正确无误。

④按照联锁图的要求，逐个对联锁图上每个原因侧和动作侧进行调试。验证信号报警、联锁回路是否正确无误。还应检查阀门动作时间，以及在跳车条件下各个阀开或关所要求的时间。

（4）仪表系统的联校。仪表系统的联校就是检验仪表回路的构成是否完整合理，能否可靠运行，信号传递是否能满足系统精度要求，并对存在的问题进行处理，对回路进行调校的工作过程。

通常，对于施工安装、技改中新连接的仪表回路，以及检修、更换或长期停运的仪表回路在投运之前均要进行联校。

● 任务实践

一、任务分组

班级		组号		指导教师	
组长		教学任务	任务 3.4　仪表的工艺校验和故障处理		
序号	姓名 / 小组		学号	任务分配	
1					
2					
3					
4					
5					
6					

二、任务实施

在正确识读 PID 图仪表、自动控制及报警联锁符号基础上，结合实训装置进行校验，能及时发现异常现象，做出正确的分析判断和处理。每一项操作任务都需要小组讨论，制定操作方案要点，经过指导教师审核通过后实施。

按照具体实施步骤填写表 3-16。

表 3-16　任务 3.4 实施工单

工作任务	任务 3.4　仪表的工艺校验和故障处理		
实施步骤			
序号	实施内容	注意事项	负责人
1	了解仪表的工艺校验和故障处理基本知识。 （1）检测和控制系统为什么要校验？ （2）检测和控制系统怎样进行校验？ （3）集散控制系统为什么要检查和调校？		

序号	实施内容	注意事项	负责人
1	（4）如何进行集散控制系统检查和调校？ （5）信号报警与联锁保护系统为什么要校验？ （6）信号报警与联锁保护系统如何进行校验？ （7）何时需要进行仪表的联校？		
2	进行检测系统、控制系统、集散控制系统、信号报警与联锁保护系统检查。 将需要检测的仪表位号填入空格： 检测系统_____ 控制系统_____ 集散控制系统_____ 信号报警与联锁保护系统_____	小组讨论检测原理和方法，经教师审批后实施	
3	模拟进行检测系统故障、DCS 系统故障处理操作。 小组讨论，提出模拟故障如下： （1）_____ （2）_____ （3）_____ （4）_____ （5）_____ （6）_____	小组讨论在各种情况下进行检测的方法	
4	确认现场仪表与总控室内压力、温度、液位、阀门等指示是否一致。 将需要检测的仪表位号填入空格： 压力_____ 温度_____ 液位_____ 阀门_____	总控工故障判断处理检验操作人员的操作水平	

示范展示

展示任务	展示要求
仪表的工艺校验和故障处理基本知识的了解情况	随机抽取同学，分享自己所学和所思
进行检测系统、控制系统、集散控制系统、信号报警与联锁保护系统检查	小组推选一人，向全班同学分析讲解如何进行检测
模拟进行检测系统故障、DCS 系统故障处理操作	小组推选一人，向全班同学分析讲解如何小组模拟故障发生的现象、原因、后果及处理方法
确认现场仪表与总控室内压力、温度、液位、阀门等指示是否一致	小组推选一人，向全班同学分析讲解进行检测的方法

三、任务评价

表 3-17　任务 3.4 评价表

自我评价		
评价项目	评价标准	得分
理论知识	A. 90 ～ 100 分 B. 80 ～ 90 分 C. 70 ～ 80 分 D. 60 ～ 70 分 E. 0 ～ 60 分	
实践技能		
成果展示		
合计		
小组评价		
评价项目	标准	得分
计划合理		
方案合理		
团队合作		
组织有序	优（8分） 良（7分） 中（6分） 差（4分）	
工作质量		
工作效率		
工作完整		
工作规范		
识读报告		
成果展示		
合计		

教师评价				
评价任务		评价标准	分值	得分
考勤（10%）		无无故迟到、早退、旷课	10	
工作过程 （60%）	应知	能完成应知任务，正确描述相关知识概念、工程术语，并能初步应用于实践中	10	
	应会	能正确完成应会操作任务，能理解操作步骤的原理和目标	10	
	工作态度	态度端正、工作认真、主动	5	
	协调能力	与小组成员之间能合作交流，协调工作	5	
	职业素质	能做到安全生产，文明工作，保护环境，爱护公共设施	5	

项目成果 （30%）	工作完整	能按时完成任务	5	
	工作规范	按任务要求执行	5	
	语言图文汇报	交流顺畅、资料完整	20	
	现场操作展示	操作准确、知行合一	25	
合计			100	
综合评价				
自评（20%）	小组互评（30%）	教师评价（50%）		综合得分

四、总结反思

根据评价结果，总结自我不足。

项目 4

公用工程系统准备

▷ ▷ ▷ ▷ ▷

项目描述

任何化工装置的试车和正常生产运行，都需要有公用工程的几个或多个系统参与。其通常包括供电、供水、供风（仪表空气、压缩空气）、供汽、供氮和污水处理及原料储运、燃料供应等多个方面。它们是化工装置试车和正常生产的必要条件。因此，公用工程系统的启动和运行先于化工装置，只有公用工程诸系统已平稳运行并能满足化工装置的需要，才能保证化工装置试车和生产的正常进行。

本项目依据《化工总控工职业标准》技能点，以实训装置为例，完成建立公用工程系统任务4.1供电系统准备、任务4.2供水系统准备、任务4.3供风系统准备、任务4.4供汽系统准备、任务4.5供氮系统准备的学习训练，达到化工开车的必要条件，具备公用工程系统准备的职业能力要求。

项目分析

本项目结合生产性实训装置学习公用工程系统知识，并操作建立公用工程系统的供电系统、供水系统、供风系统、供汽系统及供氮系统。

1. 能现场展示讲解实训装置。

2. 生产运行的必要条件有哪些？

3. 公用工程系统用户有哪些？

4. 启用公用工程系统做开车准备操作。

5. 能正常运行维护操作公用工程系统，能发现公用工程系统故障的现象，了解公用工程系统故障的后果，会分析故障原因，会处理公用工程系统的波动或断供影响。

任务 4.1　供电系统准备

● 职业技能目标

表 4-1　《化工总控工职业标准》（四级 / 中级工）

序号	职业功能	工作内容	技能要求
1	3. 故障判断与处理	3.1　故障判断	3.1.2　能判断停电突发事故
2		3.2　故障处理	3.2.3　★能处理停电突发事故

● 学习目标

知识目标
分析化工工厂用电分级、用电要求及故障的处理。

能力目标
1. 能管理使用化工工厂用电设备。
2. 能熟练操作生产装置电动机再启动系统。
3. 能完成电动机的单机试车转操作。
4. 能解决生产中电源故障。

素质目标
增强团队精神，提高表达、沟通，以及与人合作的能力。

● 任务导入

化工装置的物料输送、照明、仪表等设备需要动力，主要依靠电力，为保障不同重要性的用电设备使用，有必要分级供电，以便在断电时保障装置不会发生安全事故。

以生产性实训装置为例，认识生产装置用电负荷分级，了解为什么要分级，以及电源故障时的保护措施，电源故障时的现象、后果和处理要点。了解电动机的结构、运行质量要求、单机试车转程序，小组配合进行试车操作。

● 任务描述

以实训装置为例，完成以下任务：
1. 以生产性实训装置为例分析用电情况。
2. 编制电动机的单机试车转方案，并进行试车操作。
3. 以生产性实训装置为例，分析断电后果及处理。
4. 以生产性实训装置为例，是否设置有电动机再启动系统。

1. 化工工厂用电负荷为什么要分级?
2. 生产装置用电负荷分几级,中断时有什么影响?
3. 各级负荷供电有什么要求?
4. 为什么生产装置要设置电动机再启动系统?
5. 如何进行电动机的单机试车转?
6. 电源故障时,如何进行电源故障的处理?

● 知识准备

(1)化工工厂用电负荷分级。化工工厂用电负荷根据工厂内生产装置的重要性,其对供电可靠性和连续性的要求,中断供电时对其他生产装置的影响等因素来进行分级。

①化工工厂用电负荷分级。分为两级:一级工厂用电负荷是指工厂重要的或主要的生产装置及确保其正常操作的公用设施的用电负荷为一级生产装置的用电负荷者;二级工厂用电负荷是指工厂主要的生产装置及相应的公用设施的用电负荷为二级生产装置用电负荷。

a. 一级工厂用电负荷由两个独立电源供电。为减少某一电源线路的故障导致停电范围的扩大,并创造电动机再启动条件,化工工厂的电气运行绝大多数采用双电源回路—双变压器—母线分段运行方式。

b. 二级工厂用电负荷应由两个电源供电。

②生产装置用电负荷分级。根据其在生产过程中的重要性及其对供电可靠性、连续性的要求,可分为0级负荷(保安负荷)、1级负荷(重要连续生产负荷)、2级负荷(一般连续生产负荷)和3级负荷(一般负荷)。

a. 0级负荷。当供电中断时,为确保安全停车的自动程序控制装置及其执行机构和配套装置。如生产装置的DCS/仪表、继电保护装置、关键物料进出及排放阀等。

当生产装置供电中断时,为确保迅速终止设备的化学反应,物料又不能或不宜立即排放时,需要迅速加入阻止其化学反应所需助剂的自动投料和搅拌设备,以及化纤生产中的喷丝机头电加热器等。

大型关键机组在运行或停电后的惰行情形过程中,保证不使设备损坏的保安措施,如润滑油泵等。

为确保安全生产、处理事故、抢救撤离人员,生产装置所必须设置的应急照明、通信、工业电视、火灾报警等系统。

b. 1级负荷。当生产装置电源中断时,将打乱关键性的连续生产工艺生产过程,造成重大经济损失。如使产品及原料大量报废缺损;催化剂结焦、中毒;物料管线或设备堵塞,供电恢复后需很长时间才能恢复生产的大、中型生产装置及确保正常操作的公用工程的用电负荷。

c. 2级负荷。当生产装置工作电源突然中断时,将造成较大的经济损失。如电源将出现减产或停车,恢复供电后,能较快恢复正常生产的生产装置及为其服务的公用工程的用电负荷。

d. 3级负荷。不属于0级、1级、2级的其他用电负荷。

（2）各级负荷供电要求。

①0级负荷。必须由独立的保安电源供电。常用的电源有以下三种不停电电源装置：

a. 直流蓄电池装置；所供负荷如6 kV系统控制电源。

b. 静止型不停电电源装置（UPS）所供负荷如仪表DCS电源、仪表、关键物料进出阀、排放阀等及低压电动机控制系统电源等。

c. 快速自启动的柴油发电机机组：所供负荷属0级负荷的电动机、事故照明UPS电源等。正常情况下这些负荷由工作电源供给，当正常电源中断时，柴油发电机组立即启动，而电压一旦达到正常，柴油发电机就自动切换到用电回路上。这一过程仅需10 s左右。

②1级负荷。1级负荷应由两个电源供电。生产装置1级负荷的供电电源均装设电源自动投入装置，如6～10 kV变配所的进线分段断路器；380 V/220 V进线及母线分段开关；事故照明电源总线进线。在这种具有双电源供电的变配电所中，设备用自投装置可以缩短备用电源的切换时间，保证供电的连续性，一般与电动机自启动配合使用，效果更好。备用电源自投装置（简称BZT装置）的基本要求如下：

a. 工作电源电压，除进线开关因继电保护动作外，其他原因造成电压消失时，BZT装置均动作，这时，备用电源进线断路器自动合闸，保证变配电所继续供电。

b. 应保证在工作电源断开后，备用电源有足够的电压时（一般为母线额定电压70%左右），才投入备用电源。

c. 应保证BZT装置只动作一次。选择启动电压为额定工作电压的25%左右，投入时间一般在1.5 s左右。

③2级负荷。宜由两个电源供电，当获得两个电源有困难时，也可由一个电源供电。

④3级负荷。可采用单电源供电。

（3）生产装置电动机再启动系统。生产装置的1、2级用电负荷大多设置有电动机再启动系统。该系统是指运行中由于供电电源短时中断后又恢复供电时，使装有再启动装置的各鼠笼式感应电动机能够按生产工艺要求及预先规定的时间、确定的批次而自动进行再启动。但当电源消失时间超过一定值（一般10 s左右），电动机将再也不能自启动。

（4）电动机的单机试车转。电动机的单机试车转包括电动机的空载试验和带负荷运转试验。

①电动机应在空载情况下作一次启动，空载运行时间应为2 h，并记录电极的空载电流。

②电机空载试运行中的检查应符合下列要求：

a. 电机的旋转方向符合要求，无异声。

b. 换向器、集电环及电刷的工作情况正常。

c. 检查电机各部温度，不应超过产品技术条件的规定。

d. 滑动轴承温度不应超过80 ℃，滚动轴承温度不应超过95 ℃。

e. 电动机振动的双倍振幅值不应大于规定值。

③电机空载试运结束后可带负荷运转，交流电动机带负荷启动次数，应符合产品技术条件规定，当产品技术条件无规定时，应符合下列规定：

a．在冷态时，可启动两次，每次间隔时间不得小于 5 min。

b．在热态时，可启动一次。当在处理故障及电动机启动时间不超过 2～3 s 时，可再启动一次。

c．电机在带负荷试运过程中，电流、各部温度、振动均不应超过电机铭牌要求及其技术要求。

（5）大功率高压电机的启动和停止前，应与调度联系，取得同意后才能操作，以避免对总配电产生影响，不得连续启动。

（6）供电故障。

①晃电。

a．晃电的原因：内部原因引起电力系统瞬间失压后又恢复正常；外部原因（如闪电）引起电力系统瞬间失压后又恢复正常。

b．晃电的后果：部分运行的电器设备可能将停运；锅炉给水、脱盐水或循环水可能会出现暂时的短缺。

c．晃电的现象：DCS 控制系统上出现部分电器设备停运的声光报警；在电力恢复正常时，具有自启动功能的电机泵将依据"记忆时间"和"启动时间"相继自启动。

d．晃电的处理原则：

a）确认有自启动功能的电机泵已启动。

b）没有自启动功能的电器设备，进行人工快速启动。

c）若电源及时恢复，只要处理及时对系统不会有大的影响。

d）如果装置主要动力设备停运，装置按"紧急停车"的相关程序处理。

②断电。

a．断电的原因：内部原因引起电力系统较长时间停电；外部原因引起电力系统较长时间停电。

b．断电的后果：所有运行的电器设备全部停运；联锁动作装置紧急停车；炉给水、脱盐水、循环水、生活水断供。

c．断电的处理原则：装置按紧急停车处理。

● 任务实践

一、任务分组

表 4-2　任务 4.1 学生任务分配表

班级		组号		指导教师	
组长		教学任务		任务 4.1　供电系统准备	

序号	姓名 / 小组		学号	任务分配
1				
2				
3				
4				
5				
6				

二、任务实施

以生产性实训装置为例，认识生产装置用电负荷分级，了解分级的原因，以及电源故障时的保护措施，电源故障时的现象、后果和处理要点。了解电动机的结构、运行质量要求、单机试车转程序。小组配合进行装置用电分析、故障处理、单机试车操作讨论，完成实际操作任务。

按照具体实施步骤填写表 4-3。

表 4-3　任务 4.1 实施工单

工作任务	任务 4.1　供电系统准备		
实施步骤			
序号	实施内容	注意事项	负责人
1	了解供电系统基本知识。 （1）化工工厂用电负荷分几级？ （2）生产装置用电负荷分几级，中断时有什么影响？ （3）各级负荷供电有什么要求？ （4）为什么生产装置要设置电动机再启动系统？ （5）电源故障时，晃电、断电的现象，如何进行处理？		

序号	实施内容	注意事项	负责人
2	以生产性实训装置为例分析用电情况： （1）化工工厂用电负荷分级。 一级工厂用电负荷：＿＿＿＿＿＿＿＿ 二级工厂用电负荷：＿＿＿＿＿＿＿＿ （2）生产装置用电负荷分级。 0级负荷：＿＿＿＿＿＿＿＿＿＿ 1级负荷：＿＿＿＿＿＿＿＿＿＿ 2级负荷：＿＿＿＿＿＿＿＿＿＿ 3级负荷：＿＿＿＿＿＿＿＿＿＿	根据工厂用电和生产装置用电负荷设置分析学校实训装置的用电设置情况	
3	电动机的单机试车转操作。 （1）电动机应在＿＿＿＿＿＿情况下作一次启动，空载运行时间应为＿＿＿＿，并记录电极的空载电流。 （2）电机空载试运转结束后＿＿＿＿＿运转，交流电动机带负荷启动次数，应符合产品技术条件规定。 （3）在冷态时，可启动＿＿＿＿次，每次间隔时间不得小于＿＿＿＿min，在热态时，可启动＿＿＿＿次。 （4）大功率高压电机的启动和停止前，应与＿＿＿＿联系，取得同意后才能操作	思考电动机启动、试车为什么有这些要求	
4	以实训装置为例，分析断电原因、后果、现象及处理要点。 （1）断电的原因：有＿＿＿＿原因和＿＿＿＿原因。 （2）断电的后果： ①所有运行的＿＿＿＿设备全部停运； ②联锁动作装置"＿＿＿＿"； ③炉给水、＿＿＿＿、＿＿＿＿、＿＿＿＿生活水等断供。 （3）断电的处理原则：装置按"＿＿＿＿"处理	小组讨论，列出处理要点	
5	以实训装置为例，是否设置有"电动机再启动系统"。 （1）根据生产过程中的重要性及其对供电可靠性、连续性的要求，划分为0级负荷（＿＿＿＿负荷）、1级负荷（＿＿＿＿负荷）、2级负荷（＿＿＿＿负荷）及3级负荷（＿＿＿＿负荷）。 （2）生产装置的＿＿＿＿、＿＿＿＿级用电负荷大多设置有电动机启动系统	通过装置PID图查阅是否有"电动机再启动系统"设置	

示范展示	
展示任务	展示要求
供电系统基本知识的了解情况	随机抽取同学，分享自己所学和所思
编制电机的单机试车转方案，并进行试车操作	小组推选一人，向全班同学分析讲解如何电机的单机试车转，并进行试车操作
以实训装置为例，分析断电后果及处理	小组推选一人，向全班同学分析讲解实训装置断电后果及处理
以实训装置为例，是否设置有电机再启动系统	小组推选一人，向全班同学分析讲解实训装置是否设置有电机再启动系统

三、任务评价

表 4-4 任务 4.1 评价表

自我评价		
评价项目	评价标准	得分
理论知识	A. 90～100 分 B. 80～90 分 C. 70～80 分 D. 60～70 分 E. 0～60 分	
实践技能		
成果展示		
合计		
小组评价		
评价项目	标准	得分
计划合理	优（8 分） 良（7 分） 中（6 分） 差（4 分）	
方案合理		
团队合作		
组织有序		
工作质量		
工作效率		
工作完整		
工作规范		
识读报告		
成果展示		
合计		

教师评价				
评价任务		评价标准	分值	得分
考勤（10%）		无无故迟到、早退、旷课	10	
工作过程 （60%）	应知	能完成应知任务，正确描述相关知识概念、工程术语，并能初步应用于实践中	10	
	应会	能正确完成应会操作任务，能理解操作步骤的原理和目标	10	
	工作态度	态度端正、工作认真、主动	5	

工作过程 （60%）	协调能力	与小组成员之间能合作交流，协调工作	5	
	职业素质	能做到安全生产，文明工作，保护环境，爱护公共设施	5	
项目成果 （30%）	工作完整	能按时完成任务	5	
	工作规范	按任务要求执行	5	
	语言图文汇报	交流顺畅、资料完整	20	
	现场操作展示	操作准确、知行合一	25	
合计			100	
综合评价				
自评（20%）	小组互评（30%）	教师评价（50%）		综合得分

四、总结反思

根据评价结果，总结自我不足。

任务 4.2 供水系统准备

职业技能目标

表 4-5 《化工总控工职业标准》（四级 / 中级工）

序号	职业功能	工作内容	技能要求
1	1. 生产准备	1.4 物料准备	1.4.1 能引进水公用工程介质（五级 / 初级工）
2	3. 故障判断与处理	3.1 故障判断	3.1.2 能判断停水突发事故
3		3.2 故障处理	3.2.3 ★能处理停水突发事故

学习目标

知识目标

了解化工装置供水系统的作用、建立及故障处理。

能力目标

1. 能熟练使用化工生产的供水系统。

2. 能熟练操作引入装置供水系统。

3. 能及时解决生产中供水故障。

素质目标

1. 养成自主学习的习惯，具备追求知识、独立思考、勇于创新的科学态度和踏实能干、任劳任怨的工作作风。

2. 提升自我认知能力，有主动完成工作的意识。

任务导入

化工装置很多地方需要用水，如冷却水、工艺用水、锅炉用水、消防用水、冲洗用水、施工及其他用水、生活用水等。操作人员应该了解各种用水的生产、装置供水投用操作、供水故障的影响及处理。如冷却水故障断供，装置需要换热的设备如换热器、大型运转设备等温度必然迅速上升，可能会造成超温等严重后果，装置应按停车操作处理。

任务描述

以实训装置为例，完成以下任务：

1. 讲述实训装置供水的主要方面。

2. 对实训装置引入并投用供水系统操作。

3. 及时发现判断处理生产中供水故障。

1. 化工生产的供水主要有哪些方面？
2. 循环冷却水系统是怎样建立的？
3. 脱盐水是怎样生产的？
4. 化工厂有哪两个排水系统？
5. 化工生产的供水系统发生故障时，对装置运行有什么影响？

● 知识准备

（1）供排水系统简介。

①供水系统。化工生产的供水主要有冷却水、工艺用水、锅炉用水、消防用水、冲洗用水、施工及其他用水、生活用水等。供水系统就是对原水进行加工处理，为生产提供各种合格、足量用水的公用工程系统。供水系统由水的输送和处理组成，水的输送包括原水到水处理及水处理装置向各用户的输送及相应的回水系统。水的处理有两个方面，一是去除水中杂质的处理；二是对水质进行调整的处理。

天然水中的杂质有悬浮性固体和溶解性固体两大类。除去悬浮性固体可以采用混凝、沉淀、过滤等方法。水的预处理主要是降低水的浊度，为水的进一步深度处理作准备。经预处理的水可作为补充循环冷却水、消防水、某些工艺用水及对水质要求不高的其他用水。除去溶解性固体常用的是离子交换树法，也可以采用电渗析、反渗透等其他方法。如果只是除去水中的硬度离子而不需要除去其他离子称为水的软化。软化水可用于低压锅炉、某些工艺及补充循环冷却水等。高、中压锅炉及某些特殊的工艺要求高纯度的水，也就是除盐水。

②冷凝水系统。化工装置使用蒸汽，必然产生冷凝水。为了节约用水、保护环境和降低水处理成本，建立冷凝水的回收系统。

化工厂的冷凝水有两个来源，一是蒸汽直接冷凝水，它来自透平和蒸汽管网；二是工艺冷凝水，它来自生产工艺过程。直接冷凝水受到的污染小，杂质少，经过滤处理后即可直接作为软化水使用，若过滤后再进入混合床处理即成为新的除盐水。工艺冷凝水受到的污染比较严重，对于污染成分较简单的冷凝水，则进行回收利用。例如，大化肥装置的尿素工艺冷凝水主要含有氨和二氧化碳，经水解系统处理后二氧化碳和大部分氨被除去，再经阳离子交换树脂除去剩余的氨，然后通过混合床处理而成为新的除盐水。

③排水系统。化工企业的排水一般有清、污两个排水系统。当装置中受到严重污染，污染物的浓度超过环保规定指标的水时，需经污水处理达标排放。将这些部分进行收集、输送、处理，这就是污水排放系统。另一部水受到的污染较轻，直接排放并不污染环境，如普通生活废水、冷却水系统的排放、雨水等，这部分水的收集、输送、排放就是清水排放系统。生产操作中清、污两个系统必须独立，不得相互串通，受污染的水不得排入清水系统。

（2）原水及预处理系统。以地表水为水源的供水系统，预处理的目的是除去原水中的悬浮性杂质，水的浊度是其主要控制指标。在除浊处理的过程中，COD等其他物质的含量也会一定程度地降低。预处理的一般流程：原水→输水→混凝处理→沉淀（澄清）处理→过滤处理→出水。当原水的浊度很高或含砂量较大时，在混凝之前进行预沉淀处理，其目的是让大颗粒的杂质自然沉降分离，以减轻后面工序的负担。经过滤处理后的水即可供生产使用，若再作消毒处理即成为生活水，若进行除盐处理即成为除盐水。

（3）软水及除盐水系统。离子交换法是去除水中离子状态杂质的最常用的方法。能够进行离子交换的物质称为离子交换剂。根据母体的不同，离子交换剂可分为离子交换树脂、离子交换纤维素和离子交换凝胶等。离子交换树脂由高分子母体骨架和离子交换基团两部分组成。交换基团带有可交换离子（称为反离子），可交换离子可与水中同电荷的离子发生置换反应，这就是离子交换的基本原理。

①水的软化处理。水的硬度是引起结垢的根源，硬度较高的水往往不能直接用于生产。

离子交换软水处理是利用阳离子交换树脂中可交换的阳离子，把水中的 Ca^{2+}、Mg^{2+} 交换下来的过程。最常用的是钠型和氢型强酸性阳离子交换树脂。离子交换水处理的主要设备是装有树脂的离子交换器，或称树脂床。

②水的除盐处理。经过预处理以后的原水通过氢型阳离子交换树脂时，水中的阳离子被除去而树脂上的氢离子被交换下来；通过氢氧型树脂时，水中的阴离子被除去而树脂上的氢氧根离子被交换下来；从阳树脂上下来的氢离子与从阴树脂上下来的氢氧根离子结合生成水，这就是离子交换法除盐的原理。

（4）消防水系统。消防水系统根据装置的特点不同有两种情况，一种是普通消防水系统，它由消防水管网和消火栓组成，其水源则是生活水管网或生产水管网；另一种是特殊消防水系统，它由消防水管网、消防水池、消防水泵、稳压泵、消火栓、消防水炮，消防水幕装置、消防喷淋装置等设施及其控制系统组成，这是一个完全独立的、封闭式系统。

（5）循环冷却水系统。循环冷却水系统是化工装置不可缺少的组成部分。在敞开式冷却水系统中，水与空气在冷却塔内直接接触，一部分水转化为蒸汽使水温降低，蒸汽随空气一起由风机送出塔外，冷却后的水再经循环水泵升压送去换热器，重复使用。

为了处理循环水系统沉积物，以及循环水系统进行防腐处理使金属表面形成保护膜，新老装置循环水系统都要根据需要进行清洗和预膜处理。

（6）供水系统故障及处理方法。供水系统提供的循环水、锅炉水等公用介质，是化工装置不可缺少的运行条件，若发生断供，应果断紧急停车，避免导致严重的安全事故。

①供水系统故障的原因：

a．电力系统故障，导致公用工程停运。

b．公用工程运行故障，供水系统断供。

c．装置界区内机械设备、仪表故障，导致供水故障。

②供水系统故障的后果及处理原则：

a．若循环水断供，装置中运转设备、换热设备的热量不能及时移出，将会导致设备和工艺介质超温、超压，必须立即大幅度减轻装置负荷，同时联系调度确认循环水能否及时恢复正常，若不能，则装置手动紧急停车，打开循环水管网高点排气阀破真空。处理中以不发生超温、超压为原则。

b. 若锅炉水断供，进水流量会大幅减少，锅炉液位迅速下降，将导致锅炉"干锅"，所以，应立即大幅度减轻装置负荷，同时查明断供原因。一方面联系调度，确认公用工程锅炉水的供应情况，若确系供水故障，不能立即恢复，则立即手动紧急停车；另一方面现场检查锅炉水进口调节阀开度，若确认调节阀发生故障，则立即转为旁路控制，切出调节阀检修。锅炉运行操作都应设置液位低联锁保护，在处理锅炉水断供操作时，应密切关注锅炉液位，若液位降至液位低联锁值，而未发生联锁动作，必须手动紧急停车。

● 任务实践

一、任务分组

表 4-6　任务 4.2 学生任务分配表

班级		组号		指导教师	
组长		教学任务		任务 4.2　供水系统准备	
序号	姓名 / 小组		学号		任务分配
1					
2					
3					
4					
5					
6					

二、任务实施

理解供水系统的作用、绘制流程和用户图，以生产安全为处理原则，小组讨论编写供水系统故障操作要点。按照具体实施步骤填写表 4-7。

表 4-7　任务 4.2 实施工单

工作任务	任务 4.2　供水系统准备		
实施步骤			
序号	实施内容	注意事项	负责人
1	了解供水系统准备基本知识。 1. 化工生产需要的供水介质有哪些？它们分别起什么作用？ 2. 冷凝水回收系统设置的原理是什么？ 3. 如何进行脱盐水的回收处理？ 4. 化工企业排水系统的设置及要求有哪些？ 5. 原水及预处理系统的原理与流程是什么？ 6. 软水及除盐水处理的原理与流程是什么？ 7. 循环冷却水系统的原理与流程是什么？		
2	以实训装置为例，画出循环冷却水、除盐水、锅炉水系统流程图，并进行引入操作。 （1）装置用水分析。 循环冷却水用户设备位号：＿＿＿＿＿＿＿＿＿＿＿＿ 除盐水用户设备位号：＿＿＿＿＿＿＿＿＿＿＿＿＿＿ 锅炉水用户设备位号：＿＿＿＿＿＿＿＿＿＿＿＿＿＿ （2）装置建立用水系统。 ①检查界区公用水：水质（是 / 否）＿＿＿＿＿＿合格、压力（是 / 否）＿＿＿＿＿＿合格、流量（是 / 否）＿＿＿＿＿＿合格。 ②建立循环水系统操作步骤：开界区阀（是 / 否）＿＿＿＿＿＿；开换热器排气阀（是 / 否）＿＿＿＿＿＿；换热器排气阀出水后关闭（是 / 否）＿＿＿＿＿＿；开循环水回水阀（是 / 否）＿＿＿＿＿＿。 ③装置建立除盐水、锅炉水系统操作步骤：开用户设备排气阀（是 / 否）＿＿＿＿＿＿；开用户设备进口阀（是 / 否）＿＿＿＿＿＿。 ④检查液位计是否上升至目标值（是 / 否）＿＿＿＿＿＿；关闭用户设备排气阀（是 / 否）＿＿＿＿＿＿	梳理流程及用户回水，画出 PID 图，并进行引入操作演练	

序号	实施内容	注意事项	负责人
3	以实训装置为例，编写循环冷却水、锅炉水、脱盐水断供故障操作要点。 （1）供水系统故障的后果及处理原则。 若循环水断供，装置中运转设备、换热设备的不能及时移出，将会导致设备和工艺介质超_____、超_____，必须立即大幅度减轻装置负荷，同时联系调度确认循环水能否及时恢复正常，若不能，则装置_____，打开循环水管网高点排气阀破_____。 （2）锅炉水系统故障的后果及处理原则。 若锅炉水断供，进水流量会大幅减少，锅炉液位迅速下降，将导致锅炉"干锅"，若确认系供水故障，不能立即恢复，则立即_____	小组讨论编写供水系统故障操作要点，并进行操作演练	

示范展示	
展示任务	展示要求
供水系统准备基本知识的了解情况	随机抽取同学，分享自己所学和所思
以实训装置为例，画出循环冷却水、除盐水、锅炉水系统流程图，并进行引入操作	小组推选一人，向全班同学展示实训装置循环冷却水、除盐水、锅炉水系统流程图，并进行引入操作
以实训装置为例，编写循环冷却水、锅炉水、脱盐水断供故障操作要点	小组推选一人，向全班同学分析讲解实训装置循环冷却水、锅炉水、脱盐水断供故障操作要点

三、任务评价

表 4-8　任务 4.2 评价表

自我评价		
评价项目	评价标准	得分
理论知识	A．90～100 分 B．80～90 分 C．70～80 分 D．60～70 分 E．0～60 分	
实践技能		
成果展示		
合计		
小组评价		
评价项目	标准	得分
计划合理	优（8 分） 良（7 分） 中（6 分） 差（4 分）	
方案合理		
团队合作		
组织有序		

工作质量			
工作效率			
工作完整			
工作规范			
识读报告			
成果展示			
合计			

教师评价				
评价任务		评价标准	分值	得分
考勤（10%）		无无故迟到、早退、旷课	10	
工作过程（60%）	应知	能完成应知任务，正确描述相关知识概念、工程术语，并能初步应用于实践中	10	
	应会	能正确完成应会操作任务，能理解操作步骤的原理和目标	10	
	工作态度	态度端正、工作认真、主动	5	
	协调能力	与小组成员之间能合作交流，协调工作	5	
	职业素质	能做到安全生产，文明工作，保护环境，爱护公共设施	5	
项目成果（30%）	工作完整	能按时完成任务	5	
	工作规范	按任务要求执行	5	
	语言图文汇报	交流顺畅、资料完整	20	
	现场操作展示	操作准确、知行合一	25	
合计			100	

综合评价			
自评（20%）	小组互评（30%）	教师评价（50%）	综合得分

四、总结反思

根据评价结果，总结自我不足。

任务 4.3 供风系统准备

职业技能目标

表 4-9 《化工总控工职业标准》（四级 / 中级工）

序号	职业功能	工作内容	技能要求
1	1. 生产准备	1.4 物料准备	1.4.1 能引进气公用工程介质（五级 / 初级工）
2	3. 故障判断与处理	3.1 故障判断	3.1.2 能判断停气突发事故
3		3.2 故障处理	3.2.3 ★能处理停汽突发事故

学习目标

知识目标

分析化工装置供风系统的作用、系统建立及故障处理。

能力目标

1. 能熟练使用压缩空气、仪表空气。

2. 能解决化工生产中仪表空气中断故障。

素质目标

保持化工生产规范操作意识，具备良好的观察力、逻辑判断力、紧急应变能力。

任务导入

化工装置的自动化依靠自动控制系统，自动控制的执行器主要是气动调节阀，其动力是仪表空气，一旦失去仪表空气，气动调节阀将无法正常工作，整个生产装置将紧急停车。所以仪表空气是化工装置的仪表调节控制系统的工作风源不可中断。另外，压缩空气还作为化工装置的吹扫和置换气体，是化工装置必备的公用物料。

任务描述

以实训装置为例，完成以下任务：

1. 画出装置仪表空气系统流程图，进行仪表空气引进投用操作。

2. 在现场举例区分哪些气动调节阀是事故开（FO），哪些是事故关（FC）。

3. 编写仪表空气中断的后果及处理要点。

● **课前预习**

1. 气动薄膜调节阀的结构。
2. 仪表空气在气动薄膜调节阀中的工作原理。

● **知识准备**

1. 概述

大中型化工装置需要大量压缩空气，由专设的供风系统（空分）提供。压缩空气分为两部分，一部分为特别净化的压缩空气；另一部分为非净化的压缩空气。前者严格要求空气中的含湿量（露点温度）、含油和含尘量，用于仪表控制系统，称为仪表空气；后者用于装置其他辅助需要，常称为压缩空气（或工厂空气）。为保证供风系统送出的压缩空气质量，化工装置的供风系统通常均采用无油润滑的空气压缩机，按装置需用量连续不断地提供约 0.8 MPa 的压缩空气。

2. 供风系统组成

（1）空气压缩机组。空气压缩机提供公用空气气源，是供风系统的核心设备。中小型供风系统常用二级螺杆式无油润滑压缩机或二级无油润滑式活塞式压缩机；大型供风系统常用离心式大风量空气压缩机。为避免外供电等原因，造成压缩机停车，使化工装置供风中断危及整个装置安全生产，供风系统设置了一定容量的空气储罐，还备有柴油事故发电机组，为这类特需用电设备设施应急保护供电。

（2）仪表空气及干燥装置。

①仪表空气的要求。在化工装置中，仪表空气需连续稳定供应，且不能带水和油等杂质，露点温度应小于 –40 ℃。仪表空气带水和杂质，将会造成仪表调节和控制系统失灵。露点温度高，在冬季还会因水分的凝聚和冻结而造成仪表空气管道、控制阀门等管路逐渐变小和直至冻结，从而减少或中断仪表空气的供应。这将会造成装置发生事故停车，甚至还可能引发出装置重大事故，因此，严格控制仪表空气的质量是十分重要的。

②仪表空气干燥装置。仪表空气干燥多采用吸附剂（干燥剂）吸附水分的干燥方法。常用的吸附剂有细孔硅胶、铝胶和分子筛等。干燥的方法有非加热变压再生吸附型、外鼓风加热换气式再生吸附型、冷冻 – 吸附组合型等。

（3）仪表空气故障的处理。仪表空气是化工装置的仪表调节控制系统的工作风源。一旦失去仪表空气，气动调节阀按安全设置不同，将出现两种结果：凡设置为事故开（FO）的调节阀将自动全开；凡设置为事故关（FC）的调节阀将自动关闭。因此，仪表空气中断将触发全装置紧急停车联锁动作，DCS 控制系统将会出现一系列的声光报警。总控应将调节阀全部切为手动，装置按全系统紧急停车处理。仪表空气恢复前，为满足装置特殊操作要求，可通过调节阀的手轮或旁路来操作。

一、任务分组

表 4-10　任务 4.3 学生任务分配表

班级		组号		指导教师	
组长		教学任务		任务 4.3　供风系统准备	
序号	姓名 / 小组		学号		任务分配
1					
2					
3					
4					
5					
6					

二、任务实施

完成化工装置供水的基础知识问题，理解仪表空气的作用、绘制流程和用户图，以生产安全为处理原则，小组讨论事故开（FO）、事故关（FC），小组讨论编写仪表空气系统故障处理操作要点。

按照具体实施步骤填写表 4-11。

表 4-11　任务 4.3 实施工单

工作任务	任务 4.3　供风系统准备		
实施步骤			
序号	实施内容	注意事项	负责人
1	了解供风系统准备基本知识 1. 什么是压缩空气？其可分为哪两部分？ 2. 仪表空气为什么不能带水和油等杂质？ 3. 仪表空气在仪表调节控制系统中的作用是什么？ 4. 气动调节阀按安全设置不同，可分为哪两种结果？		

序号	实施内容	注意事项	负责人
2	以实训装置为例，画出仪表空气系统流程图；建立仪表空气系统投用操作。 仪表空气系统用户位号：_____	先画图，再小组讨论建立供风系统操作要点	
3	以实训装置为例，举例哪些气动调节阀是事故开（FO）、哪些是事故关（FC）。 事故开（FO）调节阀位号：_____ 事故关（FC）调节阀位号：_____	参考实训装置 PID 图	
4	编写仪表空气中断的后果及处理要点。 （1）仪表空气中断的现象和后果： ①出现两种结果：凡设置为事故开（FO）的调节阀将自动_____；凡设置为事故关（FC）的调节阀将自动_____。 ②仪表空气中断将触发全装置_____联锁动作；DCS 上将会出现一系列的_____。 （2）仪表空气中断的处理要点： ①总控岗位，应将调节阀全部切为_____，装置按全系统紧急停车处理； ②现场岗位，仪表空气恢复前，为满足装置特殊操作要求，可通过调节阀的_____或_____来操作。	小组讨论，理解仪表空气中断的后果及处理要点，并能在实训装置上模拟总控、现场模拟口述操作	

示范展示	
展示任务	展示要求
供风系统准备基本知识的了解情况	随机抽取同学，分享自己所学和所思
画出仪表空气系统流程图；建立仪表空气系统投用操作	小组推选一人，向全班同学分析讲解仪表空气系统流程图、建立仪表空气系统投用操作要点
以实训装置为例，举例哪些气动调节阀是事故开（FO）、事故关（FC）	小组推选一人，向全班同学举例讲解哪些气动调节阀是事故开（FO）、哪些是事故关（FC），以及工作原理
编写仪表空气中断的后果及处理要点	小组推选一人，向全班同学讲解实训装置仪表空气中断的后果及处理要点

三、任务评价

表 4-12　任务 4.3 评价表

自我评价		
评价项目	评价标准	得分
理论知识	A. 90～100 分 B. 80～90 分 C. 70～80 分 D. 60～70 分 E. 0～60 分	
实践技能		
成果展示		
合计		

小组评价		
评价项目	标准	得分
计划合理		
方案合理		
团队合作		
组织有序		
工作质量	优（8分） 良（7分） 中（6分） 差（4分）	
工作效率		
工作完整		
工作规范		
识读报告		
成果展示		
合计		

教师评价				
评价任务		评价标准	分值	得分
考勤（10%）		无无故迟到、早退、旷课	10	
工作过程（60%）	应知	能完成应知任务，正确描述相关知识概念、工程术语，并能初步应用于实践中	10	
	应会	能正确完成应会操作任务，能理解操作步骤的原理和目标	10	
	工作态度	态度端正、工作认真、主动	5	
	协调能力	与小组成员之间能合作交流，协调工作	5	
	职业素质	能做到安全生产，文明工作，保护环境，爱护公共设施	5	
项目成果（30%）	工作完整	能按时完成任务	5	
	工作规范	按任务要求执行	5	
	语言图文汇报	交流顺畅、资料完整	20	
	现场操作展示	操作准确、知行合一	25	
合计			100	

综合评价			
自评（20%）	小组互评（30%）	教师评价（50%）	综合得分

四、总结反思

根据评价结果，总结自我不足。

任务 4.4 供汽系统准备

表 4-13 《化工总控工职业标准》（四级/中级工）

序号	职业功能	工作内容	技能要求
1	1. 生产准备	1.4 物料准备	1.4.1 能引进汽公用工程介质（五级/初级工）
2	3. 故障判断与处理	3.1 故障判断	3.1.2 能判断停汽突发事故
3		3.2 故障处理	3.2.3 ★能处理停汽突发事故

● 学习目标

知识目标

了解化工装置供汽系统的作用、建立及故障处理。

能力目标

1. 能熟练建立蒸汽管网操作。

2. 能熟练操作处理蒸汽管网故障。

素质目标

形成初步的日常工作管理能力。

● 任务导入

化工装置很多设备需要加热或作为动力，如换热器加热、压缩机作蒸汽动力等，操作人员应该了解各等级蒸汽的生产、投用、供汽故障的影响及处理。

● 任务描述

以实训装置为例，完成以下任务：

1. 画出蒸汽管网流程图。

2. 建立蒸汽管网操作，水锤事故分析及预防。

● 课前预习

1. 化工装置的蒸汽的主要用途是什么？

2. 蒸汽管网建立操作时，为什么要暖管？

3．高压、中压、低压蒸汽系统是如何建立的？

4．什么是水锤或水击，如何预防和处理？

1．概述

化工装置的蒸汽主要作为动力和加热热源。供汽系统由蒸汽发生部分（气源）和蒸汽管网两大部分组成。蒸汽发生部分根据装置对工艺过程的蒸汽热力参数（温度、压力）、用量和工艺过程中热能回收产汽等不同条件而有多种配置，但通常为锅炉产汽、外供蒸汽与装置余热回收产汽（废热锅炉）等形式的组合。为满足化工装置对多个等级蒸汽参数的需要及提高蒸汽的热工效率，锅炉产出的蒸汽多以高温、高压参数输出，而蒸汽管网的任务则是将这种高温、高压的蒸汽安全和有效地提供给装置内经过优化的各等级蒸汽用户，保证各等级蒸汽管网的温度、压力稳定。

2．蒸汽管网建立操作

（1）暖管。

①开管网各导淋排放阀，关各蒸汽用户蒸汽入口阀门。

②开管网上各减压调节阀前后截止阀，手动缓慢打开管网上各减压阀（暖管过程中每次开 5%）。

③手动将各级管网放空调节阀开至 50%。

④对全装置各等级蒸汽管网进行暖管，在暖管时，速度要缓慢，防止水锤现象发生。

⑤当蒸汽管网各就地排放阀（导淋）排出蒸汽为干汽时，关闭导淋阀，打开各疏水器前后阀，关闭旁路阀，将蒸汽冷凝液并网。

（2）建网。

①手动关闭小各管网减压调节阀，缓慢升高管网压力，在升压过程中，逐步建立各级管网压力。在提压过程中，注意防止蒸汽管网超压，防止温度低于蒸汽的饱和温度。

②将各级蒸汽管网压力提升至设定压力后，放空阀投自动。

③各级蒸汽管网的建立应由高压到低压逐级建立。

④建立装置各蒸汽伴热管网。打开蒸汽伴热管网所有就地排放导淋，对伴热管网进行暖管。暖管结束后关闭各导淋，投运疏水器，回收蒸汽冷凝液。

3．蒸汽系统操作事故分析及预防

水锤又称水击，是由于蒸汽或水等流体在压力管道中的流速急剧改变，从而造成瞬时压力显著、反复迅速变化而突然产生的冲击力，使管道发生剧烈的音响和振动的一种现象。水锤现象发生时，管道内的压力升高值可能为正常操作压力的好多倍，使管道和管件等设备材料承受很大应力，压力的反复变化，严重时将造成管道、管道附件和设备的损坏。造成水锤的原因如下：

（1）送汽时没有做到充分的暖管和良好的疏水。

（2）送气时主蒸汽阀开启过大或过快。

（3）引入的蒸汽带水。

相应的处理方法如下：

（1）检查和开大蒸汽管道上的疏水器（导淋就地排液）。

（2）检查汽包水位，若过高时，应适当降低。

（3）注意控制锅炉给水质量，适当加强排污，避免发生汽水共沸。

● **任务实践**

一、任务分组

表 4-14　学生任务分配表

班级		组号		指导教师	
组长		教学任务		任务 4.4　供汽系统准备	
序号	姓名 / 小组		学号		任务分配
1					
2					
3					
4					
5					
6					

二、任务实施

完成化工装置供汽的基础知识问题，理解蒸汽的作用、绘制流程和用户图，以生产安全为处理原则，小组讨论并进行蒸汽管网建立操作，编写蒸汽中断故障的处理。

按照具体实施步骤填写表 4-15。

表 4-15 任务 4.4 实施工单

工作任务	任务 4.4 供汽系统准备		
实施步骤			
序号	实施内容	注意事项	负责人
1	了解供汽系统准备基本知识。 （1）化工装置的蒸汽主要用途有哪些？ （2）蒸汽管网建立操作时，为什么要暖管？ （3）什么是水锤或水击，如何预防和处理？ （4）疏水器的作用是什么，如何投用？		
2	以实训装置为例，画出供汽系统流程图；建立蒸汽系统投用操作。 供汽系统用户位号：_____ 建立蒸汽系统操作要点：_____ _____ _____	先画图，再小组讨论建立供汽系统操作要点	
3	如何预防和处理水锤或水击？ 现象：_____ 后果：_____ 预防和处理：_____	参考实训装置 PID 图	
示范展示			

展示任务	展示要求
供汽系统准备基本知识的了解情况	随机抽取同学，分享自己所学和所思
画出供汽系统流程图；建立供汽系统操作	小组推选一人，向全班同学分析讲解供汽系统流程图、建立供汽系统投用操作要点
预防和处理水锤或水击	小组推选一人，向全班同学举例讲解水锤或水击产生的原因，如何预防和处理

三、任务评价

表 4-16　任务 4.4 评价表

自我评价		
评价项目	评价标准	得分
理论知识	A. 90～100 分 B. 80～90 分 C. 70～80 分 D. 60～70 分 E. 0～60 分	
实践技能		
成果展示		
合计		
小组评价		
评价项目	标准	得分
计划合理		
方案合理		
团队合作		
组织有序		
工作质量	优（8 分） 良（7 分） 中（6 分） 差（4 分）	
工作效率		
工作完整		
工作规范		
识读报告		
成果展示		
合计		

教师评价				
评价任务		评价标准	分值	得分
考勤（10%）		无无故迟到、早退、旷课	10	
工作过程 （60%）	应知	能完成应知任务，正确描述相关知识概念、工程术语，并能初步应用于实践中	10	
	应会	能正确完成应会操作任务，能理解操作步骤的原理和目标	10	
	工作态度	态度端正、工作认真、主动	5	
	协调能力	与小组成员之间能合作交流、协调工作	5	

工作过程 （60%）	职业素质	能做到安全生产，文明工作，保护环境，爱护公共设施	5	
项目成果 （30%）	工作完整	能按时完成任务	5	
	工作规范	按任务要求执行	5	
	语言图文汇报	交流顺畅、资料完整	20	
	现场操作展示	操作准确、知行合一	25	
合计			100	
综合评价				
自评（20%）	小组互评（30%）	教师评价（50%）		综合得分

四、总结反思

根据评价结果，总结自我不足。

任务 4.5 供氮系统准备

职业技能目标

表 4-17 《化工总控工职业标准》（四级/中级工）

序号	职业功能	工作内容	技能要求
1	2. 生产操作	2.3 停车操作	2.3.2 能完成设备和管线的安全隔离

学习目标

知识目标

了解化工装置供氮系统的作用、建立及故障处理。

能力目标

能熟练使用化工装置中氮气来源及使用安全。

素质目标

提高表达、沟通及与人合作的能力。

任务导入

氮气在化工装置中被称为安全气，主要用来做置换、隔离气体，还可以作为原料。操作人员应了解氮气的质量要求，以及使用氮气时要注意哪些安全要求。

任务描述

以实训装置为例，完成以下任务：

1. 编制氮气置换操作要点，在实训装置进行置换操作。
2. 在实训装置氮气置换操作中进行抽堵盲板操作。

课前预习

1. 氮气在化工装置中分为哪两类？
2. 公用氮气的作用、指标是多少？
3. 氮气是如何制备的？
4. 公用氮气的安全注意事项有哪些？

知识准备

1. 氮气在化工装置中的分类

氮气在化工装置中按用途不同分为工艺氮和公用氮气两类。

（1）工艺氮。工艺氮为各工艺过程用氮，直接作为化工产品的原料，如用于氨的合成及氮洗等工艺过程。

（2）公用氮气。公用氮气在化工装置中主要用作惰性气体使用，对防止爆炸、燃烧，保证安全生产具有不可缺少的辅助作用。如在装置引入可燃可爆的物料前，必须使用符合要求的氮气对系统设备、管道中的空气予以置换，并按系统要求使其内氧含量降至 0.2% ~ 0.5%（体积）。装置停车后，当系统设备及其所装还原类催化剂需要裸露以及设备、管道需进行动火检修时，也需使用氮气进行降温和对其存在可燃可爆物质进行置换至符合要求。另外，公用氮气还用于需还原的催化剂投用前还原过程速度控制（稀释还原气体，如氢等），催化剂停用期间的防氧化保护，易燃烧粉粒物体的氮气输送，离心式压缩机等油封系统和油储罐等的气封，火炬分子封及一些需要热氮循环干燥和氮循环升温开车等许多场合。

2. 氮气的制备

空气深冷分离装置（习惯称空分），为化工生产装置提供合格氧气和高纯度氮气。一般化工装置，公用氮气的质量主要是对氧、氮有严格的要求。其规格为 $N_2 \geqslant 99.8\%$（体积）、$O_2 < 0.1\%$（体积）、$H_2O < 0.1\%$（体积）、常温、0.8 MPa。

3. 公用氮气的安全注意事项

公用氮气质量要求十分严格，若氧含量不合格，用于停车置换时，可能发生燃烧、爆炸事故。氮气虽为惰性气体，对人体无害，但不能供人呼吸。所以，在使用氮气时要注意空气中的氧含量，尤其是当槽、塔、罐等密闭空间用氮气置换可燃气体合格后，当人体需要进入塔、罐等工作时，要注意进行空气再置换，在氧含量分析合格，并办理入塔进罐工作票后才能进入，以防发生人员窒息致死。通常，为防止不慎造成公用氮气串入系统或工艺气体流入氮气管网，在装置或设备检修时，必须在界区将公用氮气加盲板隔离，或拆除一段短管。

● 任务实践

一、任务分组

表 4-18　任务 4.5 学生任务分配表

班级		组号		指导教师	
组长		教学任务		任务 4.5　供氮系统准备	
序号	姓名 / 小组		学号		任务分配
1					
2					
3					
4					
5					
6					

二、任务实施

以实训装置为例，理解氮气系统的作用、抽插盲板的目的。以生产安全为原则，小组讨论编制氮气置换方案，并进行氮气置换操作。

按照具体实施步骤填写表4-19。

表4-19 任务4.5实施工单

工作任务	任务4.5 供氮系统准备		
实施步骤			
序号	实施内容	注意事项	负责人
1	了解供氮系统准备基本知识。 （1）氮气在化工装置中分哪两类？ （2）公用氮气的作用、指标是多少？ （3）氮气是如何制备的？ （4）公用氮气的安全注意事项有哪些？		
2	画出实训装置供氮系统图，编制氮气置换方案，进行氮气置换操作。氮气置换设备位号：_____ 设备隔离抽堵盲板方案：_____ 氮气置换入口：_____ 氮气置换排气口：_____ 可燃气体置换合格标准：_____ 氮气置换合格后若要入塔进罐检修应办理_____工作票，用_____再置换，_____含量分析合格	了解氮气性质，防止氮气窒息；抽堵盲板的目的是隔离设备置换	
示范展示			
展示任务	展示要求		
供氮系统准备基本知识的了解情况	随机抽取同学，分享自己所学和所思		
画出供氮系统流程图；建立供氮系统操作	小组推选一人，向全班同学分析讲解供氮系统流程图、建立供氮系统投用小组推选一人，向全班同学分析讲解供氮系统流程图、氮气置换方案和操作要点，并办理入塔进罐工作票的操作要点		

三、任务评价

表 4-20 任务 4.5 评价表

自我评价		
评价项目	评价标准	得分
理论知识	A. 90～100 分	
实践技能	B. 80～90 分 C. 70～80 分	
成果展示	D. 60～70 分 E. 0～60 分	
合计		
小组评价		
评价项目	标准	得分
计划合理		
方案合理		
团队合作		
组织有序		
工作质量	优（8分） 良（7分） 中（6分） 差（4分）	
工作效率		
工作完整		
工作规范		
识读报告		
成果展示		
合计		

教师评价				
评价任务		评价标准	分值	得分
考勤（10%）		无无故迟到、早退、旷课	10	
工作过程 （60%）	应知	能完成应知任务，正确描述相关知识概念、工程术语，并能初步应用于实践中	10	
	应会	能正确完成应会操作任务，能理解操作步骤的原理和目标	10	
	工作态度	态度端正、工作认真、主动	5	
	协调能力	与小组成员之间能合作交流，协调工作	5	

工作过程 （60%）	职业素质	能做到安全生产，文明工作，保护环境，爱护公共设施	5	
项目成果 （30%）	工作完整	能按时完成任务	5	
	工作规范	按任务要求执行	5	
	语言图文汇报	交流顺畅、资料完整	20	
	现场操作展示	操作准确、知行合一	25	
合计			100	
综合评价				
自评（20%）	小组互评（30%）	教师评价（50%）		综合得分

四、总结反思

根据评价结果，总结自我不足。

项目 5
化工装置原始开车设备检查

▷▷▷▷▷▷

项目描述

化工生产过程启动的种类，有原始开车、长期停车后的开车和短期停车后的开车，见表 5-1。

表 5-1　生产过程启动（开车）种类一览表

生产过程启动的种类		生产过程启动的主要步骤	
		工程验收和投运准备	系统开车
原始开车		基建工程验收→投运准备	开车前检查准备→投料开车
长期停车后的开车	大修后的开车	大修工程验收→投运准备	开车前检查准备→投料开车
	其他长期停车后的开车	投运准备	开车前检查准备→投料开车
短期停车后的开车	有计划短期停车后的开车	（如系统停车检修，应先进行竣工验收）	开车前检查准备→投料开车
	临时或紧急停车后的开车		开车前检查准备→投料开车

原始开车是指新建装置或新安装设备的开车。开车前要先进行工程验收和投运准备，然后进行系统开车。由于对新建装置的性能还不熟悉，设备中的某些问题未暴露，所以，这种开车要谨慎细心，严格按规程操作进行。

长期停车后的开车，多数情况是大修后的开车。由于大修期间很多设备被拆卸或更换，故这种开车也要进行工程验收和投运准备，其他长期停车后的开车，在开车前要对设备全面检查。如问题较大，一部分设备也要进行投运准备。

短期停车后的开车，包括有计划短期停车后开车和临时紧急停车后开车。此类开车一般不进行投运准备，但应按操作规程做好开车前的准备，按规定的步骤开车。

本项目依据《化工总控工职业标准》技能点，以实训装置原始开车为例，完成任务 5.1 化工机械的单机试车，任务 5.2 化工装置开车前的吹扫和清洁设备，任务 5.3 化工装置的强度试验、气密性试验和置换的学习训练，了解化工设备开车前的必备条件要求，具备设备检查的基本操作技能。

项目分析

项目以生产性实训装置为例，进行原始开车设备检查的学习和训练，了解化工装置原始开车的主要步骤，试车环境氛围，熟悉相关技术术语，建立完整交叉的知识体系；在原始投料试车前的各项设备检查准备工作中，根据技术规范要求学习编写试车方案，并结合工作任务进行工艺、机械、仪表、电器的模拟操作。

能现场展示讲解实训装置操作：
1. 原始开车试车方案。
2. 化工装置开车对设备条件的要求。
3. 化工设备的基本结构、机电仪相关知识及安全环保知识的实际运用。
4. 常用典型设备的基本操作技能。

任务 5.1　化工机械的单机试车

● 职业技能目标

表 5-2　《化工总控工职业标准》（四级 / 中级工）

序号	职业功能	工作内容	技能要求
1	1. 生产准备	1.3　设备与动力准备	1.3.1　能完成设备单机试车 1.3.2　★能确认盲板抽堵状态 1.3.3　★能确认安全阀、爆破膜等安全附件处于备用状态 1.3.4　能确认设备、电器、仪表具备开车条件

知识目标

了解化工机械的单机试车的对象、要求。

能力目标

1. 能熟练操作离心泵、往复泵单元，进行试车操作。
2. 能熟练操作离心泵试车中盲板抽堵。
3. 能熟练使用实训装置安全阀、爆破膜等安全附件。
4. 能在离心泵试车前，确认设备、电器、仪表具备试车条件。

素质目标

1. 具备化工生产的安全、环保、节能及劳动卫生防护职业素养。
2. 增强岗位工作责任心。

● 任务导入

化工机械设备包括静设备和动设备，动设备如机泵、压缩机、搅拌器等。在开车前或检修后，都应该对动设备进行试运行，检查是否正常，及时发现处理故障。

● 任务描述

以实训装置为例，完成以下任务：

1. 结合实训装置离心泵、往复泵单元，分析其进出口管道阀门及仪表的作用。
2. 以实训装置一台离心泵为例编制试车方案，进行试车操作。
3. 以实训装置一台往复泵为例编制试车方案，进行试车操作。
4. 在离心泵试车中进行确认盲板抽堵状态。
5. 确认实训装置安全阀、爆破膜等安全附件处于备用状态。
6. 在离心泵试车前，确认设备、电器、仪表具备试车条件。

● 课前预习

1. 单机试车的对象、规定及要求有哪些？
2. 离心泵的结构和工作原理是什么？
3. 离心泵如何正确进行启泵、停泵及维护操作？
4. 如何进行单机试车？
5. 往复泵的结构和工作原理是什么？
6. 离心泵如何正确进行启泵、停泵及维护操作？

一、单机试车的目的

单机试车是化工装置基建安装工作基本结束时，由基建逐步转向生产的开始，一般也是总体试车网络计划的开始点。但这一过程仍以安装单位为主，生产人员处于配合的位置。

单机试车针对运转设备，如各种泵、风机、压缩机、搅拌机、干燥机等。

单机试车的目的是对运转机械输入动力（电力、蒸汽等）以使机械启动，在接近或达到额定转速的情况下初步检验该机械的制造与安装质量，尽早发现其存在的各种缺陷并加以消除，为下一步联动试车和化工投料试车打好基础。

"单机试车要早"，即一旦具备单机试车条件，安装和生产人员要密切配合，尽早开始单机试车工作，避免或减少单机试车阶段过多地被推迟到占用关键线路状况的出现。对于生产人员，更应该主动介入和促进这项工作，以取得工程整体的良好效益。

以泵基本单元模式为例，分析单机试车行。

（一）泵的类型及泵系统

1. 泵的类型

泵是输送流体或使流体增压的机械。它将原动机的机械能或其他外部能量传送给液体，使液体能量增加。按工作原理和结构特征可分为三大类，如图 5-1 所示。

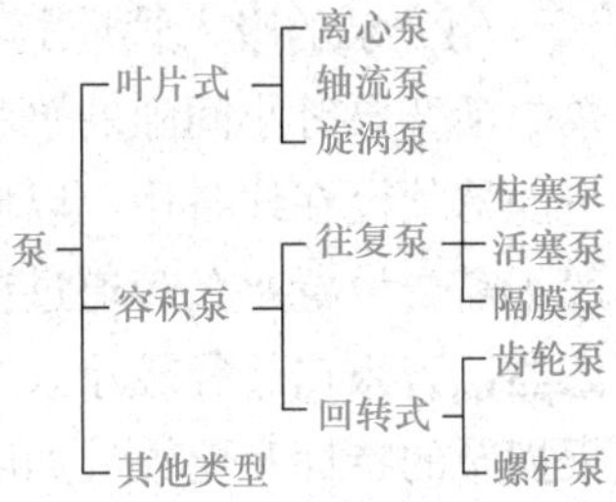

2. 泵系统

泵系统可分为以下三个部分：

（1）泵入口侧管道，从泵上游的吸入容器的出口管法兰为起端，至泵入口的法兰为止。

图 5-1　泵的类型

（2）泵出口侧管道，从泵出口法兰起至下游的容器入口法兰为止。

（3）泵的公用物料、辅助设施和驱动机构，该部分不包含在泵单元模式里。

（二）泵的管道

1. 一般要求

（1）切断阀。泵的进出口设置切断阀，使每台泵在运转或维修时，能保持独立。

（2）排气、排净管。

①离心泵在壳体上设有带丝堵的排气口。

②所有离心泵上均设有壳体排净口，应配置阀门。

③其他类型的泵均应有合适的带丝堵的排气口和排净口。

④泵的入口侧管道和出口侧管道上，根据物料的物性、工艺操作和开、停车要求，设置装有阀门的排气管和排净管，将排出物接至合适的排放系统。

（3）缓冲罐。需设置缓冲罐的情况如下。

①为改善往复泵输出液体的计量准确性，须减小流体的脉冲幅度，在所有单缸或双缸单作用往复泵管道的流量计上游应安装缓冲罐。

②为减少往复泵管道的振动，应每台泵设置一台缓冲罐，安装在泵和泵干管的第一个阀之间。

③液压系统往复泵出口应设置缓冲罐，防止液压脉动使系统操作不稳定。

④当有效净正吸入压头达不到要求的时，在往复泵的吸入管道上安装缓冲罐，可以达到改善效果。

缓冲罐一般需要灌注空气，输送易燃易爆液体的泵的缓冲罐应充入惰性气体。在缓冲罐上需接注气管，如物料中不允许带过多气体和有腐蚀性的物料，应采用带有橡皮气囊的缓冲罐。

2. 泵入口侧管道

（1）吸入口管道的管径应不小于泵吸入口的直径。离心泵的吸入管道可取比泵的吸入口大一级或两级，往复泵的吸入管道可取比泵的吸入口大 1～3 级。

（2）泵的吸入管道如管径有改变，应采用异径管，不采用异径法兰，避免突然变径和形成向上弯曲的袋形弯管。

（3）泵吸入管道上设置切断阀，选用阻力较小的闸阀。对有毒、强腐蚀性的介质或特殊的系统，宜采用双切断阀，其中一个阀应设置在紧靠吸入容器的出口处，作为常开阀，另一个则靠近泵入口处，便于操作。

（4）泵的吸入管道上，须设置永久或临时的管道过滤器。对于螺杆泵、齿轮泵、柱塞泵、活塞泵等小间隙的泵和非金属泵，必须设置永久过滤器。不设置备用泵的系统，永久过滤器须设在线备用，以便切换检修。除工艺物料较脏或其他特殊工艺要求外，离心泵一般不需要设置永久管道过滤器。安装永久管道过滤器的泵，需要设置开车用的临时管道过滤器，若入口管径较小（≤ $DN40$），也可设置永久管道过滤器，通常采用 Y 形过滤器，根据泵的特性和要求〔如屏蔽泵〕也可采用其他形式过滤器。过滤器应安装在泵和进口切断阀之间，通常每台泵安装一个。

（5）介质在泵入口处可能发生气化时，应在泵入口管端与泵入口切断阀之间设置平衡管，平衡管上应安装切断阀，如图 5-2 所示。平衡管通向吸入侧容器或就近接入相应的排气管道。

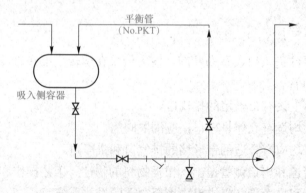

图 5-2　泵入口端的平衡管设置

（6）泵吸入管道上应设置放净阀，以便检修时将物料排至指定的系统。

3. 泵出口侧管道

（1）止回阀。叶片式泵的排出管道，下述情况需设置止回阀：

①两台或两台以上泵并联。

②泵输出管道的终点压力大于泵的入口压力。当动力系统出现事故时，排出容器的大量液体将倒流回泵。容积式泵出口可不设置止回阀。

（2）止回阀设置，在切断阀和泵出口之间，泵出口若为多分支管，则在泵出口总管上设置一个止回阀。在止回阀与切断阀之间，应设置放净阀，用于检修时放出管道中的物料，如图5-3所示。

（3）泵出口管径≤ DN100，切断阀可选用截止阀，便于粗调流量（对离心泵而言），若出口管径＞ DN100，多选用闸阀。

（4）泵的出口管道上如设置旁通管，则此旁通管上应设置截止阀，旁通管通常应返回至吸入管或吸入容器，必要时须串设冷却器。

（5）泵吸入口侧若连接负压系统，需在泵出口止回阀前设置开车管，接至吸入容器的气相部位，如图5-3所示。

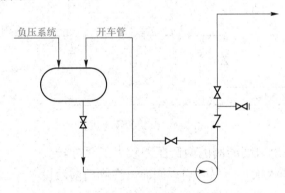

图5-3　泵出口端的气相开车管

（6）离心泵如有可能在低于泵的最小流量下长期运转，应设置最小流量管。在最小流量管道上设置限流孔板和截止阀，如图5-4所示。

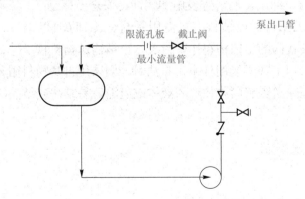

图5-4　离心泵的最小流量管

（7）每台容积式泵（往复泵、齿轮泵等）、每台旋涡泵的出口管道至出口切断阀之间，应设置安全泄压阀，泄压阀的排出管可接至吸入管道的管道过滤器下游、泵入口前。

（8）每台容积式泵和旋涡泵的出口切断阀前，应设置返回至泵入口或吸入容器的回流管道，并设置截止阀，以便调节流量及检修后试泵，但若要准确地调节流量，则需将截止阀改为控制阀。小流量的计量泵可不设置此管道。

（9）暖泵管道。泵管道输送的介质温度高于200 ℃，或环境温度可能低于物料的倾点或凝点（易凝固），并且设有备用泵者，宜设置带限流孔板的暖泵管道，使热流体经过备用泵的泵体返回入口管，待温度升高后再开启备用泵，防止启动备用泵时骤然受热使泵发生故障。

环境温度低于物料倾点或凝点，为防止备用泵结冻凝固，在泵的进、出口管道之间应设置防凝旁路，使流体从备用泵的防冻循环管道经泵体返回入口管，如图5-5所示。

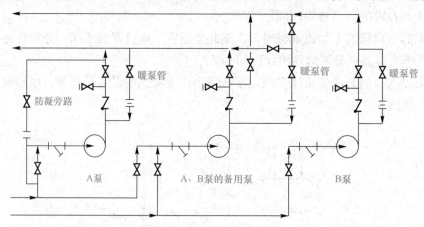

图5-5　泵的暖泵管道

（10）高扬程的泵出口切断阀的两侧压差较大、尺寸较大的阀门的阀瓣单向受压太大，不易开启。因而，在阀门前后设置DN20旁路，在阀门开启前应先打开旁路，使阀门两侧的压力平衡，如图5-6所示。

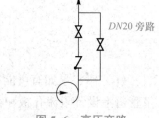

图5-6　高压旁路

（11）泵的公用物料、辅助设施和驱动机构。泵本身可能有冷却、加热、密封、冲洗、润滑等设施和缓冲、安全及驱动蒸汽管要求。泵的机械密封或填料密封需用密封、冷却及润滑，应尽可能选择装置内的工艺物料作密封液。当被输送物料较干净、无颗粒、有一定润滑性且温度在100 ℃以下或不能用外来密封油时，则采用自身物料循环。否则，用外来密封油密闭循环。当泵输送含有固体颗粒的液体或泄漏后易结冰或结晶的物料，其填料需采用冲洗液冲洗。

（三）泵的仪表控制

1. 泵的控制

泵的控制是指测定压力和调节流量。

2. 压力测定

所有泵的出口都必须至少设有就地指示压力表，其位置应在泵出口和第一个阀门之间。对于离心泵，压力表的量程应大于泵的最大关闭压力。对于容积式泵，压力表量程应大于该泵出口安全阀（或爆破片）的设定压力。

3．流量测定和调节

由于泵进口侧不允许大的压力降，并且通常一台泵可有数个用户，所以，泵的流量测定系统设置在泵出口侧。若只要求测定流量，则只设指示仪表，可为累计流量（FIQ）或瞬时流量（FI），如图 5-7 所示。

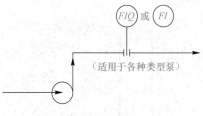
图 5-7　泵的流量测定

若需稳定或调节流量，则需与其他参数关联，通常有下列各种方式：

（1）要求流量按设定值稳定操作。在泵出口侧测定流量，而将控制阀设置于不同位置来调节泵出口流量，如图 5-8 所示。

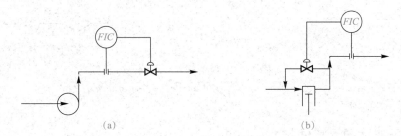
图 5-8　泵的出口流量调节方法和流量测定
（a）用于离心泵和轴流泵；（b）用于容积式泵和旋涡泵

（2）对流量要求不很严格，但需维持容器的液位，则应按液位调节流量。此容器可以设置在泵进口侧，也可以设置在泵出口侧，如图 5-9 所示。

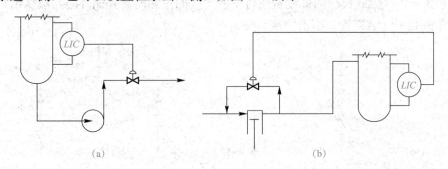
图 5-9　维持容器的液位的泵出口流量调节
（a）用于离心泵；（b）用于容积式泵和旋涡泵

（3）既要维持容器的液位，又需保持一定流量，则将泵出口流量与容器液位串级控制，如图 5-10 所示。

（4）报警与联锁。在要求严格的场合，如流量中断会引发工艺、设备或人身事故时，应根据参数变化的灵敏程度，选择低压或高液位、低液位或其他参数报警。更重要的场合还应与泵的动力源（包

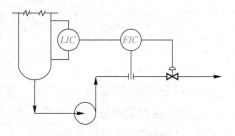
图 5-10　泵出口流量与容器液位串级

括蒸汽或电机）联锁、自动停泵或启动备用泵。由于所涉及的因素较多，图5-11只表示了容器低液位（泵低流量报警）和泵体高温报警联锁，泵电机温度高联锁停止运行泵、启动备用泵的情况。

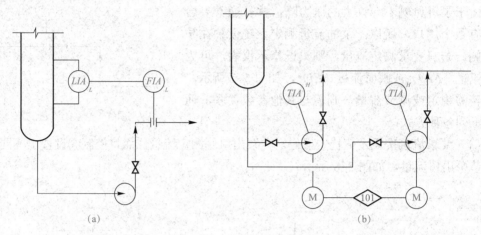

图 5-11 泵的报警与联锁
（a）低液位、低流量报警；（b）泵体高温报警

（四）泵基本单元模式

1. 离心泵

（1）单台泵和带有备用泵的基本单元模式，如图5-12所示。图中表示了泵进、出管上异径管、切断阀、排气阀、排净阀、管道过滤器和压力表的相对位置。

（2）为防止气阻或长时间低流量运行中所产生的过热，需要循环时，应从出口管处设旁路（图5-12中"A"管）引出物流。

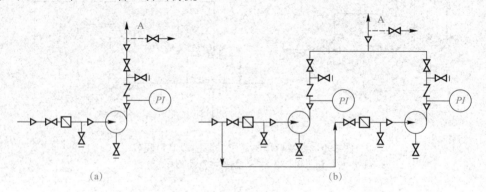

图 5-12 离心泵基本单元模式
（a）单台泵；（b）一台为备用泵

2. 往复泵

容积式的回转式泵（齿轮泵、螺杆泵）的基本单元模式，如图5-13所示。

单台泵和带有备用泵的基本单元模式，如图5-13所示。图中表示了泵进、出管上异径管、切断阀、排气阀、排净阀、管道过滤器和压力表的相对位置。

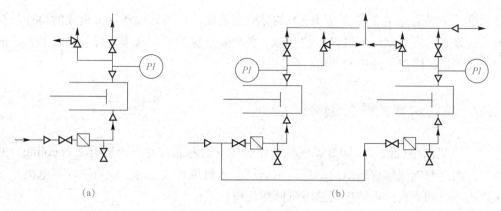

图 5-13　往复泵基本单元模式

（a）单台泵；（b）一台备用泵

二、单机试车的条件

（1）在装置大面积处于工程扫尾的环境下，局部区域内的设备安装工作已经完成，包括以下两个方面：

①主机及其附属设备（含电机）的就位，找平、找正、检查及调整试验等安装工作，包括单机有关的电气、仪表安装调校工作均全部结束，并有齐全的安装记录。

②二次灌浆层已达到设计强度，基础抹面工作已结束。与试运转相关的设备、管道已具备使用条件，润滑油系统已按设计要求处理合格（包括必要的酸洗钝化、油洗、换油等工作）。

（2）现场环境符合必要的安全条件。如附近的通道畅通，脚手架已拆除，必要的通信、消防、救护条件要具备。

（3）动力条件已经具备。常用的动力为电力和蒸汽。装置的总配电所已经送电，该单机开关已经受电。蒸汽管网已经吹扫完毕，蒸汽供应已经落实，该单机入口蒸汽管道已经处于备用状态。冷却水总管已处于工作状态，回水畅通。仪表用风总管已经接通，有合格的仪表空气送达该机仪表控制系统。对于那些有特殊要求的机组（如水力透平、燃气透平、制冷机组等）应按其设计要求准备好试车条件。

（4）组织工作已经完成，至少应该包括以下几点：

①生产与安装（或甲方与乙方）等各方面已协调明确。一般可以临时组织一个单机试车的工作小组（或领导小组），明确参加的具体人员及其职责、关系。一般情况下，单机试车工作应以安装方为主，生产、设计等方面参加，并由生产方面提供公用工程条件。润滑油的质量要保证合格。

②单机试车方案应由安装单位负责编制，并经生产单位联合确认。引进设备尚需经卖方现场专家确认。对于某些大型联合机组的单机试车方案可由安装、生产等方面联合编制方案，并经试车领导机构或上级有关部门批准后执行。

③有关单机试车的安全措施已经贯彻落实。如安装扫尾与单机试车交叉作业配电安全

· 153 ·

管理制度（务必防止出现误送电事故）的建立与落实，试运转设备安全措施的检查与整改（如运转设备的安全罩、电气设备的接地、各种安全保护自动联锁装置的确认等），试车区域必要的局部隔离，现场的消防、防护条件检查等。

三、单机试车的阶段划分

（1）电机的单机试车。即拆除电机与联轴节（通称靠背轮，译自英文 coupling）的连接机构，然后对电机单独通电启动进行试运转。电机单机试运时，应特别注意电机转动方向是否正确。如果反向运转应迅速停机调整相位。

（2）机组无负荷试运。在电机单机试运完成之后，即可以将联轴节重新完好地连接起来，进行整个机组的无负荷试运。所谓无负荷试运，实际是指机组在一般条件下可以做到的最低负荷载下启动。例如，对于往复式压缩机应在出口压力最低的条件下（出口全开）进行启动和试运转；而对于离心式机械则应在流量最低（出口阀关闭）的条件下进行试运。其目的是逐步增加机组的负荷，一是对某些机组和部件需要一定的无负荷或低负荷的磨合期（如齿轮、胀圈、密封件等）；二是尽早地暴露机组缺陷并减少可能带来的损坏和损失。一旦在无负荷试运中出现重大故障，就应该停止试运，对故障进行检查修理，待故障消除后再进行第二次无负荷试运。

无负荷试运机组所采用的工作介质最好是设计规定的介质，但在很多情况下，单机试车进行得很早，装置尚未投料，往往无法提供设计规定的工作介质，此时多用水、空气、氮气等介质代替。

大型高速透平机械对润滑油系统要求极高。对于一台新安装的机组，在其原始启动前必须对润滑油系统进行专门的清洗。

（3）有负荷试运。在无负荷试运按照规定时间达到质量标准之后，机组即可转入有负荷试运。

如果试运的工作介质符合设计工艺条件的要求，就可以按照试运规定从最低负荷条件下分阶段地逐次增加机组负荷。通车条件下，主要是增加转速，增大介质流量，提高机组出口压力。在特殊工艺条件下，如热油泵、低温泵等还应尽可能创造条件使其在接近设计条件下运行。有负荷试运的最终负荷应达到额定工艺条件。在有的情况下，各种额定条件难以同时实现，这时可按转速、压力、流量、温度的顺序选取试运条件，或逐个达到上述各项条件。有些大型机组按照制造厂的要求还要进行超负荷试验。如往复式压缩机要在额定压力的 105%～115% 的条件下测试安全阀的起跳性能，透平式压缩机要在额定转速的 105%～110% 的条件下测试调速系统脱扣保护性能。对某些与工艺安全关系重大的机泵，如高压锅炉给水泵等还要进行自启动试验。这些均应严格按照制造厂商、设计单位或现场专家的书面规定进行。

对于无法提供正常工艺介质而以其他介质临时代替的机组，其带负荷试验的条件要按照重新计算后的条件执行。

四、单机试车的一般规定及通用原则

（1）单机试车时间表见表 5-3。

表 5-3 单机试车转时间

机械种类		连续运转时间 /h	
		无负荷	有负荷（额定）
压缩机	大型活塞式	8	≥ 48
	中小型活塞式	4	24
	活塞式制冷	2	4
	离心式	8	≥ 24
	离心式制冷	2	8
	螺杆式	2	4
风机	离心式		2
	轴流式		2
	罗 茨		4
泵	离心式	> 15 min	4
	往复式	> 15 min	4
	三螺杆	> 15 min	4
其他	干燥机	2	2
	搅拌器	4	4
	过滤机	4	
	离心机	4	

对于表 5-3 有以下几点说明：

①对于一些特殊设备或制造厂家有专门技术文件要求的设备，应按专门文件执行。

②表中所示均为连续运转时间，对于有负荷运转，是指在达到额定负荷以后的连续运转时间，不能以多次开停的累计时间计算。

③大型离心机在无负荷试运时，由于出口关闭，可能造成较大的温升和振动，为避免造成不必要的损失，开泵后可以尽早转入有负试运或少量打开出口阀门试运，不必坚持规定时间。

（2）单机试车的介质。使用代用介质时主要要注意以下两个问题：

①对于以离心泵为代表的液体输送机械。其运转所需功率和工作介质的密度直接有关。为慎重考虑，在使用临时介质时要进行一些简单的估算。

如泵的电机功率多是已知的，仅需要对比不同介质的功率差别。可以用下述公式计算：

$$N_2 = N_1 \times (d_2 / d_1)$$

式中 N_1——使用原规定介质 1 时的电机功率（kW）；

N_2——使用代用介质 2 时的电机功率（kW）；

d_1——介质 1 的相对密度；

d_2——介质 2 的相对密度。

在有负荷试运时，泵的扬程和流量都是可以控制的。在单机试车时要注意控制电机电流不超过额定指标（通常短时间超出 5% ~ 10% 仍是允许的，但要注意电机温升）。

②对于气体输送压缩机械。由于气体的性质和液体差别很大，其密度、比热容均远低于液体，压缩前后体积变化很大，大量能耗转化为气体的温升。在使用代用介质时，应进行详细核算并征求制造厂家意见后再行实施为宜。

（3）单机试车应达到的设备质量标准。

①轴承的温度。滑动轴承的温度不应超出 35 ℃，其最高温度应补超过 65 ℃；滚动轴承的温升应不超过 40 ℃，最高不超过 75 ℃；往复压缩机金属填料函在压盖处测量的温度应不超过 60 ℃。

②离心机械的振动值。离心机械的振动值符合《轴中心高为 56 mm 及以上电机的机械振动振动的测量、评定及限值》（GB 10068—2020）的要求。

③机器的电机应工作正常。电机无异常声响，电机的振动、电流、温升等各项指标均应符合标准。

④单机试车验收。单机试车合格后，由参与试车的单位在《化工机器安装工程施工及验收规范（通用规定）》（HG/T 20203—2017）所规定的表格上共同签字确认。

⑤机器的辅助系统应工作正常。特别是润滑油系统，各油温、油压、油丝、油量均符合标准。仪表自动控制系统及安全保护联锁动作灵敏可靠。机器各紧固件（包括连接管道）应连接牢固，无异常松动。

⑥泵的填料密封泄漏量在规定标准内。对一般液体的软填料型密封，允许有 5 ~ 20 滴 /min 的均匀成滴泄漏。对于机械密封应按其专门规定。对于输送有毒、易燃等物料的泵更要严格控制其泄漏量不允许超过设计允许值。

⑦计量泵应进行流量测定，至少分别在其额定流量的 1/4、1/2、3/4 和全流量下测定，其实际流量应符合设计值。

（4）单机试车的原始记录。单机试车应做好各项原始记录。

五、离心泵的操作

1. 离心泵启动前的准备工作

（1）检查机泵、电机，确认离心泵安装结束。电机单机试车合格，工艺条件具备，离心泵处于正常试车状态，相关人员到达现场。

（2）检查机泵、电机的地脚螺栓是否牢固，联轴器是否同心，是否有卡死、异常声响等现象存在。

（3）检查泵的润滑油是否到油标 1/2~2/3 处，如有乳化现象应换润滑油。

（4）有冷却水的开启冷却水管，使其畅通无泄漏。

（5）检查泵的进出口阀门是否严密灵活，压力表是否灵敏。

（6）以上检查均正常时，现场对泵进行短时间试运（点试），检查泵的旋转方向是否正确，回装联轴节罩。

2．离心泵的启动

（1）打开泵体排气阀，打开泵的进口阀，泵的出口阀处于关闭状态，待排气阀出水后，关闭排气阀，同时打开压力表阀门。

（2）按下启动按钮，使泵启动，同时注意倾听有无杂音。

（3）待运转正常后开泵的出口阀门，根据需要调节出口压力。

3．离心泵的运行

（1）运行中注意观察泵有无机械摩擦、撞击声响、异常声响，同时检查泵的电机轴承温度不得超过 60 ℃。

（2）运行中泵不得有剧烈振动现象。

（3）检查泵的运行压力、流量等参数是否正常。

（4）检查泵轴承润滑情况，润滑油位应符合要求，油路畅通。

（5）泵的运行按规定做好记录。

4．离心泵的停车

（1）接到停车通知后，应与有关岗位做好联系工作。

（2）关闭泵的出口阀，按电机停车按钮，切断电源。

六、单机试车过程中常见的由于操作原因引发的设备故障

（1）由于润滑不当而造成的机械故障。良好的润滑是化工机械的关键。常见的故障原因如下：

①润滑油系统不洁净。润滑油系统必须彻底清洁。

②润滑油的供应、储存、使用过程管理不严格。严格油品使用三级过滤（装桶、储存、领用），严禁水、尘土或杂物进入油中。

③操作人员的失误。严禁少加、多加、错加或违反三级过滤规定。

（2）由于公用工程供应不善引起的设备故障。单机试车阶段，公用工程条件（水、电、汽、风等）可能出现断供，造成设备事故。

（3）由于工艺负荷过低引发的设备事故。代用介质的使用、负荷过低、气体中带水或带液，可能会造成设备机组的喘振、管网的振动、设备损坏人员伤亡。

七、单机试车

（一）一般电动机器试车

1．一般电动机器试车条件

（1）已按合同的要求在供方进行了规定的试验。

（2）二次灌浆已达到了设计强度，基础抹面已经完成。

（3）与电动机机器试车有关的管道及设备已吹扫或清洗合格。

（4）机器入口处按规定设置了滤网（器）。

（5）压力润滑密封油管道及设备经油洗合格，并经过试运转。

（6）电机及机器的保护性联锁、预警、指示、自控装置已调试合格。

（7）安全阀调试合格。

（8）电机转动方向已核查、电机接地合格。

（9）设备保护罩已安装。

2. 应遵守的规定

（1）试车介质应执行设计文件的规定，若无特殊规定，泵、搅拌器宜以水为介质，压缩机、风机宜以空气或氮气为介质。

（2）低温泵不宜以水作为试车介质，否则必须在试车后将水排净，彻底吹干、干燥，并经检查确认合格。

（3）当试车介质的比重大于设计介质的比重时，试车时应注意电机的电流，勿使其超过规定。

（4）试车前必须盘车。

（5）电机试车合格后，机器方可试车。

（6）机器一般应先进行无负荷试车，然后带负荷试车。

（7）试车时，应注意检查轴承（瓦）和填料的温度、机器振动情况、电流大小、出口压力及滤网。

（8）仪表指示、报警、自控、联锁应准确、可靠。

（二）汽轮机、泵的试车

1. 汽轮机、泵试车条件

（1）供方已按合同的要求进行了规定的试验，供方的试车人员已到现场（合同如有规定）。

（2）通往机器的全部蒸汽和工艺管道已吹扫合格。

（3）压缩机段间管已进行压力试验并清洗或吹扫合格。

（4）凝汽系统真空试验合格。

（5）水冷却系统已能稳定运行并预膜合格。

（6）油系统已能正常运行。

（7）蒸汽管网已能正常运行，管网上的安全阀、减压阀、放空阀皆已调试合格。

（8）弹簧支、吊架已调试合格。

（9）机组的全部电气、仪表系统皆已进行了静态模拟试验。

（10）冷凝系统已能正常运行。

（11）保护罩等安全设施皆已安装。

2. 应遵守的规定

（1）先进行辅助装置试车（油泵、冷凝系统等），再进行汽轮机试车，然后进行整体试车。

（2）汽轮机试车前应首先进行暖管。

（3）暖管工作完成后，进行汽轮机冲转，转速一般为 200 r/min。

（4）经检查如无异状，可按升速曲线加速，同时进行暖机。

（5）升速时应尽快通过临界转数。

（6）当达到额定转速后，调速器应投入运行。

（7）当汽轮机运转正常后，升速至脱扣转速进行脱扣试验，如不能自动脱扣应立即手动停车；脱扣试验应进行 3 次。

（8）汽轮机试车的全过程，应密切监视油温、油压、轴承温度、振动值、轴位移、转速、进排气温度、压力及后汽缸真空度等。

（9）汽轮机试车合格后，应立即与压缩机（泵）进行联动。

（10）机组首先应进行空负荷试车，升速时应尽快通过临界转速，待达到正常转速后即应按升压曲线逐步升压。在每次升压前都必须对机组进行全面检查，当确信机组运行正常后方可继续升压，直至达到设计压力。

（三）往复式压缩机的试车

1. 往复式压缩机试车条件

（1）试车人员已到场，包括技术操作、电气仪表人员（当合同中规定供方参加时，供方必须到场）。

（2）供水系统已能正常运行。

（3）循环油系统及注油系统已试车合格。

（4）段间管经压力试验合格，段间管、水冷器、分离器及缓冲器已清洗或吹扫合格。

（5）安全联锁与报警经模拟试验合格，仪表指示正确无误。

（6）安全阀已调校。

（7）重要安装数据如各级缸余隙、十字头与滑道间隙、同步电机转子与定子间隙等已核查。

（8）励磁机、盘车器已试车合格，防护罩已安装。

2. 应遵守的规定

（1）试车所用介质宜为空气，负荷试车时其压力不得超过 25 MPa（表压）。

（2）试车前应先盘车并按同步电机、无负荷、负荷试车顺序进行。

（3）同步电机试车时间应为 2 ～ 4 h，无负荷试车时间应为 4 ～ 8 h，负荷试车时间应为 24 ～ 48 h。

（4）同步电机试车应先开动通风装置并检查电机转动方向。

（5）同步电机试车时应检查轴承温度、振动值、电机温升及电刷、集电环接触情况。

（6）无负荷试车前应拆除各级缸气阀。

（7）联锁报警装置应进行模拟联校。

（8）负荷试车应在各级缸气阀复位后进行。

（9）缸气阀复位后进行负荷试车半小时，然后分 3 ～ 5 次加压至规定的试车压力，在加压前应在该压力下稳定 1 h。

（10）试车时应检查轴承、滑道、填料函、电机进出口气体及冷却水温度、供油、振动及各处密封情况。

（11）试车时应注意排油、排水并注意检查各级气缸有无撞击和其他杂音。

（12）停车前应逐步降压，除紧急情况外，不得带压停车。

（13）停车 10 min 后才能停油、停水。

（14）在试车中应进行安全阀最终调校。

● 任务实践

一、任务分组

表 5-4　任务 5.1 学生任务分配表

班级		组号		指导教师	
组长		教学任务		任务 5.1　化工机械的单机试车	
序号	姓名 / 小组		学号		任务分配
1					
2					
3					
4					
5					
6					

二、任务实施

单机试车和启停操作，是化工装置常用实用操作技术，应依据 PID 图、单元模式图和试车规范认真学习，理解相关流程设计目的和操作步骤原理，从而尝试编写试车方案。

首先熟练掌握机泵的部件结构、工作原理，理解工艺管路上所有阀门、管件及仪表控制设计目的，掌握操作步骤要求，思考若违反操作规程操作会有什么后果。

对应现场单机设备，学习单机试车程序，在熟练识读和理解操作规程后进行单机试车操作。

按照具体实施步骤填写表 5-5。

表 5-5　任务 5.1 实施工单

工作任务	任务 5.1　化工机械的单机试车		
实施步骤			
序号	实施内容	注意事项	负责人
1	了解单机试车基本知识。 （1）单机试车的目的是什么？针对运转设备有哪些？ （2）单机试车的动力条件包括哪些？ （3）单机试车一般分为哪三个阶段？ （4）识读离心泵单元模式（口述）。 （5）识读往复泵单元模式（口述）。 （6）离心泵启动前的准备工作有哪些？ （7）离心泵的启动操作步骤有哪些？ （8）离心泵运行时需做哪些检查？ （9）离心泵的停车步骤有哪些？ （10）单机试车过程中常见的由于操作原因引发的设备故障有哪些？（要点）		

序号	实施步骤	注意事项	负责人
2	能结合实训装置离心泵、往复泵单元，分析其进出口管道阀门及仪表的作用。（口述）	要能讲解单元所有的管件阀门、仪表	
3	能以实训装置一台离心泵为例编制试车方案，并进行试车操作；能在离心泵试车过程中确认盲板抽堵状态；在离心泵试车前，确认设备、电器、仪表具备试车条件（包括编制依据、试车范围、水源及临时配管、试车具备的条件、试车方法和要求、操作程序、检查验收标准、试车中的安全注意事项及试车工具）	小组讨论编写试车方案，在安全条件下实施	
4	能以实训装置一台往复泵为例编制试车方案，进行试车操作（包括编制依据、试车范围、水源及临时配管、试车具备的条件、试车方法和要求、操作程序、检查验收标准、试车中的安全注意事项及试车工具）	小组讨论编写试车方案，在安全条件下实施	
5	能确认实训装置安全阀、爆破膜等安全附件处于备用状态	小组现场共同完成	

示范展示	
展示任务	展示要求
单机试车基本知识的了解情况	随机抽取同学，分享自己所学和所思
离心泵、往复泵单元，分析其进出口管道阀门及仪表的作用	小组推选一人，向全班同学现场展示离心泵、往复泵单元，分析其进出口管道阀门及仪表的作用
离心泵单机试车方案，试车操作	小组推选一人，向全班同学现场讲解、展示离心泵试车方案，操作电机空载、有负荷试验、离心泵的启动停止操作演练展示
在离心泵试车过程中确认盲板抽堵状态；离心泵试车前，确认设备、电器、仪表具备试车条件	小组推选一人，向全班同学现场讲解、展示确认盲板抽堵状态；确认设备、电器、仪表具备试车条件
确认实训装置安全阀、爆破膜等安全附件处于备用状态	小组推选一人，向全班同学现场讲解、展示确认实训装置安全阀、爆破膜等安全附件处于备用状态

三、任务评价

表 5-6　任务 5.1 评价表

自我评价		
评价项目	评价标准	得分
理论知识	A. 90～100 分	
实践技能	B. 80～90 分 C. 70～80 分	
成果展示	D. 60～70 分 E. 0～60 分	
合计		

小组评价		
评价项目	标准	得分
计划合理		
方案合理		
团队合作		
组织有序		
工作质量	优（8分） 良（7分） 中（6分） 差（4分）	
工作效率		
工作完整		
工作规范		
识读报告		
成果展示		
合计		

教师评价				
评价任务		评价标准	分值	得分
考勤（10%）		无无故迟到、早退、旷课	10	
工作过程 （60%）	应知	能完成应知任务，正确描述相关知识概念、工程术语，并能初步应用于实践中	10	
	应会	能正确完成应会操作任务，能理解操作步骤的原理和目标	10	
	工作态度	态度端正、工作认真、主动	5	
	协调能力	与小组成员之间能合作交流，协调工作	5	
	职业素质	能做到安全生产，文明工作，保护环境，爱护公共设施	5	
项目成果 （30%）	工作完整	能按时完成任务	5	
	工作规范	按任务要求执行	5	
	语言图文汇报	交流顺畅、资料完整	20	
	现场操作展示	操作准确、知行合一	25	
合计			100	

综合评价			
自评（20%）	小组互评（30%）	教师评价（50%）	综合得分

四、总结反思

根据评价结果，总结自我不足。

任务 5.2 化工装置开车前的吹扫和清洁设备

表 5-7 《化工总控工职业标准》（四级／中级工）

序号	职业功能	工作内容	技能要求
1	2. 生产操作	2.3 停车操作	2.3.3 能完成机泵、容器等设备和管线的倒空、置换、清洗等
2	3. 故障判断与处理	3.1 故障判断	3.1.3 能判断换热器堵塞、物料偏流等故障

● 学习目标

知识目标

了解化工装置开车前的吹扫和清洁设备的目的与方法。

能力目标

能制作水冲洗、空气吹扫、水冲洗试车方案，并进行试车操作。

素质目标

增强科技创新意识。

● 任务导入

化工装置新安装设备、在停车后或检修后的设备，在正式生产前应进行吹扫和清洁，避免杂质堵塞管道、阀门、仪表等故障。包括水冲洗、空气吹扫、酸洗钝化、油清洗和脱脂等方法。

● 任务描述

以实训装置为例，完成以下任务：

1. 编写水冲洗方案，按照方案进行水冲洗操作。
2. 编写空气吹扫方案，按照方案进行空气吹扫操作。
3. 编写蒸汽吹扫方案，按照方案进行蒸汽吹扫操作。

● 课前预习

1. 为什么化工装置开车前要吹扫与清洗？
2. 如何进行化工管路空气吹扫？
3. 如何进行化工管路蒸汽吹扫？
4. 如何进行化工装置水冲洗？

一、吹扫和清洁的目的和方法

化工装置开工前，需对其安装检验合格后的全部工艺管道和设备进行吹扫与清洁。其目的是通过使用空气、蒸汽、水及有关化学溶液等流体介质的吹扫、冲洗、物理和化学反应等手段，清除施工安装过程中残留在其间和附于其内壁的泥沙杂物、油脂、焊渣和锈蚀物等，以防止开工试车时由此而引发的堵塞管道、设备，损坏机器、阀门和仪表，玷污催化剂及化学溶液、影响产品质量，以及发生燃烧、爆炸事故，是保证装置顺利试车和长周期安全生产的一项重要试车程序。化工装置中的管道、设备多样，它们的工艺使用条件和材料、结构等各不同，因而适用它们的吹洗方法也各有区别。但通常包括水冲洗、空气吹扫、酸洗钝化、油清洗和脱脂等方法。它们的主要特点和使用范围概述如下。

1. 水冲洗

水冲洗是以水为介质，经泵加压冲洗管道和设备的一种方法。被广泛应用于输送液体介质的管道及塔、罐等设备内部残留脏杂物的清除。

2. 空气吹扫

空气吹扫是以空气为介质，经压缩机加压后，对输送气体介质的管道吹除残留物的一种方法。

3. 蒸汽吹扫

蒸汽吹扫是以不同参数的蒸汽为介质的吹扫，它由蒸汽发生装置提供气源。蒸汽吹扫具有很高的吹扫速度，因而具有很大的能量。而间断的蒸汽吹扫方式，又使管线产生冷热收缩、膨胀，这有利于管线内壁附着物的剥离和吹除，故能达到最佳的吹扫效果。

4. 油清洗

机器设备如蒸汽透平、离心压缩机等高速、重载设备的润滑、密封油及控制油管道系统，应在其设备及管道吹洗或酸洗合格后，再进行油清洗。

5. 脱脂

设备、管道的脱脂处理是为那些在生产、输送或储存使用过程中，接触到少量的油脂等有机物就可能发生燃烧或爆炸的介质，以及接触到油脂等会影响产品质量的又一类清洗工作。

二、吹扫和清洁作业

1. 水冲洗

（1）冲洗原则及要求。

①水冲洗应以管内可能达到的最大流量或不小于 1.5 m/s 的流速进行，冲洗流向应尽量由高处往低处冲水。

②水冲洗的水质应符合冲洗管道和设备材质要求。

③冲洗需按顺序采用分段连续冲洗的方式进行，其排放口的截面面积不应小于被冲洗管道面积的60%，并保证排放管道的畅通和安全，只有当上游冲洗口冲洗合格之后，才能复位进行后系统的冲洗。

④只有当泵的入口管线冲洗合格之后，才能按规程启动泵冲洗出口管线。

⑤管道与塔器相连的，冲洗时，必须在塔器入口侧加盲板，只有待管线冲洗合格后，方可连接。

⑥水冲洗气体管线时，要确保管架、吊架等能承受盛满水时的载荷安全。

⑦管道上凡是遇有孔板、流量仪表、阀门、疏水器、过滤器等装置，必须拆下或加装临时短路设施，只有待前一段管线冲净后再将它们装上，方可进行下一段管线的冲洗工作。

⑧直径在600 mm以上的大口径管道和有人孔的容器等要人工清扫干净。

⑨工艺管线冲洗完毕后，应将水尽可能从系统中排除干净，排水时应有一个大的顶部通气口，在容器中液位降低时，可以避免设备内形成真空损坏设备。

⑩冬季冲洗时要注意防冻工作，冲洗后应将水排尽，必要时可用压缩空气吹干。

⑪不得将水引入衬有耐火材料等憎水的设备和管道容器中。

（2）水冲洗应具备的条件。

①系统管道设备冲洗前，必须编写好冲洗方案，它通常包括编写依据、冲洗范围、应具备的条件、冲洗前的准备工作、冲洗方法和要求、冲洗程序、检查验收等部分。

②设备、管道安装完毕、试压合格，按PID图检查无误。

③按冲洗程序要求的临时冲洗配管安装结束。

④本系统所有仪表调试合格，电气设备正常投运。

⑤各泵电机单试合格并连接。

⑥冲洗水已送至装置区。

⑦冲洗工作人员及安装维修人员已做好安排，冲洗人员必须熟悉冲洗方案。

（3）水冲洗的方法及要求。

①水冲洗按方案中的冲洗程序采用分段冲洗的方法进行，即每个冲洗口合格后，再复位进行后系统的冲洗。

②各泵的入口管线冲洗合格之后，按规程启动泵冲洗出口管线，合格后，再送塔器等冲洗。

③冲洗时，必须在换热器、塔器入口侧加盲板，只有待上游段冲洗合格后，才可进入设备。

④各塔器设备冲洗之后，要入塔检查并清扫出机械杂质。

⑤在冲洗过程中，各管线、阀门等设备一般需间断冲洗3次，以保证冲洗效果。

⑥在水冲洗期间，所有的备用泵均需切换开停1次。

⑦水冲洗合格后，应填写管段和设备冲洗记录。

（4）水冲洗的检查验收标准。《工业金属管道工程施工规范》（GB 50235—2013）规定，"以出口的水色和透明度与入口目测一致为合格"，或设计另有规定。

2. 空气吹扫

（1）吹扫原则与要求。

①选用空气吹扫工艺气体介质管道，应保证足够的气量，使吹扫气体流动速度大于正常操作的流速，或最小不低于 20 m/s。

②工艺管道空气吹扫气源压力一般要求为 0.6 ～ 0.8 MPa，对吹扫质量要求高的可适当提高压力，但不要高于其管道操作压力。低压管道和真空管道可视情况采用 0.15 ～ 0.20 MPa 的气源压力吹扫。

③管道及系统吹扫，应预先制定吹扫方案。它包括编制依据、吹扫范围、吹扫气源、吹扫应具备的条件、临时配管、吹扫的方法和要求、操作程序、吹扫的检查验收标准、吹扫中的安全注意事项和吹扫工器具及靶板等物质准备等。

④应将吹扫管道上安装的所有仪表测量元器件（如流量计、孔板等）拆除，防止吹扫时流动的脏物将仪表元器件损坏。同时，还应该对调节阀采取适当的保护措施（原则上阀前吹扫合格后再通过，必要时，需拆除后加临时短管连接）。

⑤吹扫前，必须在换热器、塔器等设备入口侧加盲板，只有待上游吹扫合格后方可进入设备，一般情况下，换热器本体不参加空气吹扫。

⑥吹扫时，原则上不得使用系统中调节阀作为吹扫的控制阀。如需要控制系统吹扫风量时，应选用临时吹扫阀门。

⑦吹扫时，应将安全阀与管道连接处断开，并加盲板或挡板，以免脏、杂物吹扫到阀底，使安全阀底部密封面磨损。

⑧系统吹扫时，所有仪表引压管线均应打开进行吹扫，并应在系统综合气密试验中再次吹扫。

⑨所有放空火炬管线和导淋及液面计、流量计引出管和阀门都必须吹扫。

⑩在吹扫中，只有在上游系统合格后，吹扫空气才能通过正常流程进入下游系统。

⑪管道直径大于 500 mm 和有人孔的设备，在吹扫前先要进行人工清扫，并拆除其有碍吹扫的内件。

⑫所有罐、塔、反应器等容器，在系统吹扫合格后再进行人工清扫，并复位相应内件，封闭时要按照隐蔽工程封闭手续办理。

（2）系统吹扫气源。合格装置管道及系统吹扫用空气，要求用量大，通过管道及系统流速快，因此，必须有足够压头的风量，才能保证吹扫的要求。吹扫气源的取得常利用装置已有或在装置中可以压缩空气的大型压缩机提供气源，这是快速完成系统吹扫的最好方法。

（3）空气吹扫应具备的条件。

①工艺系统管道、设备安装竣工，强度试验合格。

②吹扫管道中的孔板、转子流量计等已抽出内件后复位，液面计、压力计等根部阀处于关闭状态。

③禁吹的设备、管道、机泵、阀门等已安装好盲板。

④供吹扫用的临时配管、阀门等施工安装已完成。

⑤需吹扫的工艺管道一般暂不保温（吹扫时需用木槌敲击管道外壁）。

⑥提供吹扫空气气源的压缩机已空气运转，公用工程满足压缩机具备连续供气条件。

⑦吹扫操作人员及安装维修人员已做好安排，并熟悉吹扫方案。

⑧绘制吹扫示意流程图，图上应标出吹扫程序、流向、排气口、临时管线、临时阀门等，以及事先要处理的内容。

⑨准备好由用户、施工单位（工程）、试车执行部门三方代表签署的管道吹扫记录表（表5-8），以便吹扫时填写。

表 5-8　管道吹扫记录表

工程名称　　　　　　管道编号

吹扫次数	起止时间	吹扫介质			靶板状况	备注
		压力	流量	空速		
结论：靶板状况、复位状况、部件保护状况						
代表签字：用户_____工程_____执行单位_____						

（4）吹扫方法和要点。

①按照吹扫流程图中的顺序对各系统进行逐一吹扫，吹扫时先吹主干管，主干管合格后，再吹支管。吹扫中同时要将导淋、仪表引压管等进行彻底吹扫，防止出现死角。

②吹扫采用在各排放口连续排放的方式进行，并以木槌连续敲击管道，特别是对焊缝和死角等部位应重点敲打，但不得损伤管道，直至吹扫合格为止。

③吹扫开始时，需缓慢向管道送气，当检查排气口有空气排出时，方可逐渐加大气量至要求量进行吹扫，以防因阀门、盲板等不正确原因造成系统超压或使空气压缩机系统出现故障。

④在使用大流量压缩机进行吹扫时，应同时进行多系统吹扫，以缩短吹扫周期，但同时在进行系统切换时，必须缓慢进行，并与压缩机操作人员密切配合，听从统一指挥。特别要注意防止造成压缩机出口流量减小发生喘振事故。

⑤为使吹扫工作有序进行和不发生遗漏，需绘制另一套吹扫实施情况的流程图，用彩色笔分别标明吹扫前准备完成情况，吹扫已进行情况和进行的日期，使所有参加吹扫工作的人员都能清楚地了解进展情况，并能防止系统吹扫有遗漏的地方，该图应存档备查。

⑥系统吹扫过程中，应按流程图要求进行临时复位。在吹扫结束确认合格后，应进行全系统的复位，以准备下部系统进行综合气密试验。

（5）检验方法与吹扫合格标准。每段管线或系统吹扫是否合格，应由生产和安装人员共同检查，当目视排气清洁和无杂色杂物时，在排气口用白布或涂有白铅油的靶板检查，如 5 min 内检查其上无铁锈、尘土、水分及其他脏物和麻点即吹扫合格。

3. 蒸汽吹扫

化工装置的蒸汽系统通常有多个压力等级参数，以适应不同设备和工艺条件的需要。

（1）吹扫蒸汽来源及参数选择。为提高吹扫效率和减少吹扫费用，蒸汽吹扫系统吹扫通常采用降压吹扫的方式进行，但蒸汽消耗量仍然很大，一般需要其管道额定负荷下管内蒸汽流量的 50% ~ 70%。

一般蒸汽吹扫在各不同压力等级管道下的流速为

高压蒸汽管道（4 ~ 12 MPa）　　　　　　≥ 60 m/s

中压蒸汽管道（1 ~ 4 MPa）　　　　　　　≥ 40 m/s

低压蒸汽管道（≤ 1 MPa）　　　　　　　　≥ 30 m/s

（2）蒸汽吹扫前的准备。

①吹扫前应根据蒸汽管网的实际情况制定完备的吹扫方案，包括吹扫范围，蒸汽管网级别划分，吹扫蒸汽流量的确定和各级别蒸汽参数（压力、过热温度值）的计算和确定，吹扫方法、吹扫顺序、排放口位置、吹扫用临时配管、阀门和支架、吹扫质量鉴定方法和标准，吹扫人员组织及吹扫中的安全措施与注意事项等。

②对蒸汽管道、管件、管支架、管托、弹簧支吊架等做详细检查，确认牢固可靠。

③检查确认蒸汽导向管无滑动障碍，滑动面上无残留焊点和焊疤。

④所有蒸汽管道保温已完成。

⑤高、中压蒸汽管道已完成酸洗、钝化。

⑥按吹扫方案要求，所有吹扫用临时配管、阀门、放空管、靶板支架等均已安装并符合强度要求。

⑦已将被吹扫管道上安装的所有仪表元器件等拆除，管道上的调节阀已拆除或采取措施加以保护。

⑧每台蒸汽透平入口已接好临时蒸汽引出管，以防吹扫时蒸汽进入汽轮机主汽阀及汽轮机叶片，损坏主汽阀及汽轮机叶片。

（3）蒸汽管网吹扫方法和要点。

①蒸汽吹扫通常按管网配置顺序进行，一般先吹扫高压蒸汽管道，然后吹扫中压蒸汽管道，最后吹扫低压蒸汽管道。

②蒸汽管线的吹扫方法：用暖管→吹扫→降温→暖管→吹扫→降温的方式重复进行。

③蒸汽管线的吹扫必须先充分暖管，并注意疏水，防止发生水击（水锤）现象。

④引高、中压蒸汽暖管时，其第一次暖管时间要适当长一些，需要 4 ~ 5 h，即每小时约升温 100 ℃，第二轮以后的暖管时间可短一些，在 1 ~ 4 h 即可。每次的吹扫时间为 20 ~ 30 min。

⑤高、中压蒸汽管道、蒸汽透平入口管道的吹扫效果需要用靶板检查其吹扫质量。其靶板可以是抛光的紫光铜片，厚度为 2 ~ 3 mm，宽度为排气管内径的 5% ~ 8%，长度

等于内径，也可用抛光的铝板，厚度为 8 ～ 10 mm 制作。连续两次更换靶板检查，吹扫时间为 1 ～ 3 mm。如果靶板上肉眼看不出任何因吹扫造成的痕迹，吹扫即合格。低压蒸汽管道，可用抛光木板置于排气口检查，板上无铁锈和赃物，蒸汽冷凝液清亮、透明即合格。

（4）蒸汽吹扫的安全注意事项。蒸汽吹扫特别是高、中压蒸汽管网的吹扫是一项难度较大的工作。因此，在吹扫流程安排、吹扫时间和临时措施及安全防范等方面，都要根据管网实际情况做好周密安排和搞好吹扫的各项协调工作。

● 任务实践

一、任务分组

表 5-9　任务 5.2 学生任务分配表

班级		组号		指导教师	
组长		教学任务	任务 5.2　化工装置开车前的吹扫和清洁设备		
序号	姓名 / 小组		学号	任务分配	
1					
2					
3					
4					
5					
6					

二、任务实施

小组同学以实训装置为例，编制吹扫和清洗试车方案，依据 PID 图及试车规范，确定一定的试车范围，检查准备相应的试车条件，制定试车操作方法、步骤和要求，确定质量检查方法和指标及安全和工具等。方案编制需要小组成员分工讨论，反复修改完善完成。

试车操作，一定要熟悉试车方案，在得到指导教师同意和指导下，依据方案在实训装置中进行操作，注意安全。

按照具体实施步骤填写表 5-10。

表 5-10　任务 5.2 实施工单

工作任务	任务 5.2　化工装置开车前的吹扫和清洁设备		
	实施步骤		
序号	实施内容	注意事项	负责人
1	了解化工装置开车前要吹扫与清洗基本知识。 （1）化工装置开车前要吹扫与清洗的目的是什么？ （2）用哪些介质进行化工装置开车前要吹扫与清洗？ （3）水冲洗主要使用范围是什么？ （4）编写冲洗方案通常包括哪几个部分？ （5）空气吹扫主要使用范围是什么？ （6）蒸汽吹扫主要使用范围是什么？ （7）油清洗的主要使用范围是什么？ （8）空气吹扫方案通常包括哪几个部分？ （9）水冲洗、空气吹扫及蒸汽吹扫的检验方法与合格标准是什么？		
2	编写水冲洗方案，依据方案进行水冲洗操作。 　水冲洗方案通常包括编写依据、冲洗范围、应具备的条件、冲洗前的准备工作、冲洗方法和要求、冲洗程序、检查验收等部分	小组编写试车方案，现场口述操作	

序号	实施内容	注意事项	负责人
3	编写空气吹扫方案，依据方案进行空气吹扫操作。 空气吹扫方案，通常包括编制依据、吹扫范围、吹扫气源、吹扫应具备的条件、临时配管、吹扫的方法和要求、操作程序、吹扫的检查验收标准、吹扫中的安全注意事项和吹扫工器具及靶板等物质准备等	小组编写试车方案，现场口述操作	
4	编写蒸汽吹扫方案，依据方案进行蒸汽吹扫操作。 蒸汽吹扫方案，包括吹扫范围，蒸汽管网级别划分，吹扫蒸汽流量的确定和各级别蒸汽参数（压力、过热温度值）的计算和确定，吹扫方法、吹扫顺序、排放口位置、吹扫用临时配管、阀门和支架、吹扫质量鉴定方法和标准、吹扫人员组织及吹扫中的安全措施与注意事项等	小组编写试车方案，现场口述操作	

示范展示	
展示任务	展示要求
吹扫与清洗基本知识的了解情况	随机抽取同学，分享自己所学和所思
水冲洗方案，水冲洗操作	小组推选一人，向全班同学现场展示水冲洗方案，现场口述水冲洗操作
空气冲洗方案，空气冲洗操作	小组推选一人，向全班同学现场展示空气吹扫方案，现场口述空气吹扫操作
蒸汽吹扫方案，蒸汽吹扫操作	小组推选一人，向全班同学现场展示蒸汽吹扫方案，现场口述蒸汽吹扫操作

三、任务评价

表 5-11   任务 5.2 评价表

自我评价		
评价项目	评价标准	得分
理论知识	A. 90～100分	
实践技能	B. 80～90分 C. 70～80分	
成果展示	D. 60～70分 E. 0～60分	
合计		
小组评价		
评价项目	标准	得分

计划合理		
方案合理		
团队合作		
组织有序	优（8分）	
工作质量	良（7分）	
工作效率	中（6分）	
工作完整	差（4分）	
工作规范		
识读报告		
成果展示		
合计		

教师评价				
评价任务		评价标准	分值	得分
考勤（10%）		无无故迟到、早退、旷课	10	
工作过程（60%）	应知	能完成应知任务，正确描述相关知识概念、工程术语，并能初步应用于实践中	10	
	应会	能正确完成应会操作任务，能理解操作步骤的原理和目标	10	
	工作态度	态度端正、工作认真、主动	5	
	协调能力	与小组成员之间能合作交流，协调工作	5	
	职业素质	能做到安全生产，文明工作，保护环境，爱护公共设施	5	
项目成果（30%）	工作完整	能按时完成任务	5	
	工作规范	按任务要求执行	5	
	语言图文汇报	交流顺畅、资料完整	20	
	现场操作展示	操作准确、知行合一	25	
合计			100	

综合评价			
自评（20%）	小组互评（30%）	教师评价（50%）	综合得分

四、总结反思

根据评价结果，总结自我不足。

任务 5.3 化工装置的强度试验、气密性试验和置换

● 职业技能目标

表 5-12 《化工总控工职业标准》（三级 / 高级工）

序号	职业功能	工作内容	技能要求
1	1. 生产准备	1.2 设备与动力准备	1.2.1 能完成设备、管线的清洗、吹扫、试压、干燥、置换

● 学习目标

知识目标

了解化工装置的强度试验、气密性试验和置换的目的与方法。

能力目标

1. 能制作气体置换方案，进行气密性试验操作。

2. 能进行气体置换操作。

素质目标

构建"学生工程"概念。

● 任务导入

化工装置新安装设备或检修后的设备，需要进行强度试验和严密性试验，检验容器和管道是否具有安全的承受设计压力的能力（即耐压强度）、严密性、接口或接头质量、焊接质量和密封结构的紧密程度，避免发生安全事故。强度试验一般由机械人员负责实施，气密性试验和置换操作则由工艺人员负责，气密性试验和置换操作是化工装置开停车、检修前后必须进行的工作，涉及安全性，故特别重要。

● 任务描述

以实训装置为例，完成以下任务：

1. 编写气密性试验试车方案，依据方案进行气密性试验操作。

2. 编写气体置换方案，依据方案进行气体置换操作。

● 课前预习

1. 为什么要做化工装置的强度试验？

2. 为什么要做化工装置的气密性试验？

3. 化工装置的强度试验、气密性试验的介质什么？

一、化工装置的强度试验

化工装置建成后投产前或大修后，均需按规定进行压力试验，就是通常所称的试压，它包括强度试验和严密性试验。

压力试验是对压力容器和管道系统的一次综合性考核，通过压力试验，就能检验容器和管道是否具有安全的承受设计压力的能力（即耐压强度）、严密性、接口或接头质量、焊接质量和密封结构的紧密程度。另外，可观测受压后容器的母材焊缝的残余变量以便及时发现材料和制造过程中存在的问题。

强度试验包括液压强度和气压强度试验。为防止试压过程中发生意外，通常采用液压强度试验。液压强度试验的加压介质通常采用洁净水，故液压强度试验常被称为水压试验。

水压试验前，容器和管道系统上的安全装置、压力表、液面计等附件及全部内件均应装配齐全并经检查合格，以及应将不参与水试压的系统、设备、仪表和管道加盲板隔离（加盲板的部位应有明显的标记和记录）。

水压试验时，应将水缓慢充满容器和管道系统，打开容器和管道系统最高处阀门，将滞留在容器和管道内的气体排挤。容器和管道外面应保持干燥，待壁温与水温接近时方能缓慢升压至设计压力，确认无泄漏后继续升压到规定的试验压力。根据容积大小保压 10 ～ 30 min，然后降压至设计压力。应在保压状态下进行检查，保压时间不得少于 30 min，检查期间压力应保持不变。检查重点是各焊缝及连接处无泄漏、有无局部或整体塑性变形，大容积的容器还要检测基础下沉情况。

检查时可用小锤沿焊缝及平行于焊缝 15 ～ 20 mm 处轻轻敲打。若发现泄漏，不得带压紧固和修理，以免发生危险。缺陷排除后，应重新做水压试验。

水压试验结束后，打开容器和管道的最低处阀门降压放水。排水时，不得将水排至基础附近。大型设备排水时，应考虑反冲力作用及安全注意事项。另外，排水时容器顶部的防空阀门一定要打开，以防薄壁容器抽瘪。当水被放净后，采用压缩空气或惰性气体将其内表面吹干，严防器内和管道内存水。

二、气密性试验的目的、条件和控制标准

气密性试验主要是检验容器和管道系统各连接部位（包括焊缝、铆接缝合可拆连接）的密封性能，以保证容器和管道系统能在使用压力下保持严密不漏。介质毒性程度为极度、高度危害的或设计上不容许有微量泄漏的容器，必须进行气密性试验。因此，它与上述的水压试验是目的和概念不同的两种试验。

为了保证容器和管道系统不会在气密性试验中发生破裂爆炸引起大的危害，气密性试验应在水压试验合格后进行。

对采用气压强度试验的容器和管道系统，气密性试验可在气压强度试验时，气压降到设计压力后，一并进行检查。

碳钢和低合金钢制容器与管道系统，气密性试验用气体的温度不应低于 15 ℃，其他材料制容器和管道系统，其试验用气体温度符合设计图样规定。

三、气密性试验的方法（含真空度试验）

气密性试验所采用的气体通常应为干燥、洁净的空气、氮气或其他惰性气体。

如生产高压无特殊要求通常采用干燥、洁净的空气作为气密性试验介质。当然能采用氮气或其他惰性气体作为试验介质更好，更符合石油化工生产工艺的要求。但上述介质来源要有空气分离装置且价格较贵。

如对易燃易爆介质的在用压力容器和管道系统进行气密性试验，必须进行彻底的清洗和置换，否则严禁使用空气作为试验介质。对要求脱脂的容器和管道系统，应采用无油的气体。

气密性试验时，升压应分段缓慢进行，首先升至试验压力的 10%，保压 5 ~ 10 min，检查焊缝和各连接部位是否正常。如无泄漏可继续升至规定试验压力的 50%，如无异常现象，无泄漏，其后按每级 10% 逐步升压，每一级稳压 3 min。到达试验压力时，保压进行最终检查，保压时间应不少于 30 min。

检查期间，检查人员在检查部位喷涂肥皂液（铝合金容器、铝管等要用中性肥皂）或其他检漏液，检查是否有气泡出现，如无泄漏、无可见的异常变形、压力不降符合设计规定，即为合格。

气密性试验时，如发现焊缝或连接部位有泄漏，需泄压后修补，如要补焊，补焊后要重新进行耐压强度试验和气密性试验。如要求做热处理的容器，补焊后还应重做热处理。

真空设备和真空规定系统在强度试验合格后，再联动试车运转，还应以设计压力进行真空试验。

真空试验宜在气温变化较小的环境中进行，试验时间为 2 h，检查增压率，增压力 ΔP，A 级管道不应大于 3.5%；B 级管道不应大于 5%。

由于种种原因，压力容器和管道系统在运行过程中，常常存在有超压的可能性，即装置内的实际工作压力超过规定的使用压力。

为了确保安全运行，预防由于超压而发生事故，除从根本上采取措施，杜绝或减少可能引起超压的各种因素外，还需要在压力容器和管道上安装泄压装置——安全阀、爆破板等。

为了确保安全阀的良好工作状态，动作灵敏，必须在使用中加强维护和检查，必须进行定期校正调整。

压力容器安全技术监察规程规定：安全阀一般每年至少校验一次。其目的是保证能正常工作，在工作压力下保持严密不漏，在压力超过工作压力时及时开启排气降压。

四、化工装置的置换

化工装置在开停车或检修前后，因为系统中的易燃、易爆、有毒、有腐蚀性的物料不能直接与空气接触或排放，必须进行彻底置换，保证安全环保。

易燃、易爆、有毒、有腐蚀性的物料应向指定的安全地点或贮罐中排放，设立警示标志和标识；排出的可燃、有毒气体如无法收集利用，应排至火炬烧掉或进行其他无毒无害化处理。

（1）在试车系统通入可燃性气体前，必须以惰性气体置换空气，再以可燃性气体置换惰性气体。在停车检修前必须以惰性气体置换系统中的可燃性气体，再以空气置换惰性气体，注意有毒有害固、液体置换处理。

（2）系统置换条件：

①已标明放空点、分析点和盲板位置的置换流程图。

②取样分析人员已就位，分析仪器、药品已备齐。

③惰性气体可以满足置换工作的需要。

（3）应遵守下列规定：

①惰性气体中氧含量不得高于安全标准。

②确认盲板的数量、质量、安装部位合格。

③置换时应注意系统中死角，需要时可采取反复升压、卸压的方法以稀释置换气体。

④当管道系统连有气柜时，应将气柜反复起落 3 次以置换尽环形水封中的气体。

⑤置换工作应按先主管、后支管的顺序依次连续进行。

⑥分析人员取样时应注意风向及放空管道的高度和方向，严防中毒。

⑦分析数据以连续 3 次合格为准，并经生产、技术、安全负责人员签字确认。

⑧置换完毕，惰性气体管线与系统采取有效措施隔离。

（4）合格标准：

①以惰性气置换可燃性气体时，置换后气体中可燃性气体成分不得高于 0.5%。

②以可燃性气体置换惰性气体时，置换后的气体中氧含量不得超过 0.5%。

③以惰性气体置换空气时，置换后的气体中氧含量不得高于 1%，如置换后直接输入可燃可爆介质，则要求置换后的气体中氧含量不得高于 0.5%。

④以空气置换情性气时，置换后的气体中氧含量不得低于 20%。

一、任务分组

表 5-13　任务 5.3 学生任务分配表

班级		组号		指导教师	
组长		教学任务	任务 5.3　化工装置的强度试验、气密性试验和置换		
序号	姓名 / 小组		学号		任务分配
1					
2					
3					
4					
5					
6					

二、任务实施

化工装置气密性试验和气体置换操作是实际生产中经常进行的操作，是生产安全的保障，务必熟练掌握其原理、操作步骤和质量指标。

编制试车方案，依据 PID 图及试车规范，确定一定的试车范围，检查准备相应的试车条件，制定试车操作方法、步骤和要求，确定质量检查方法和指标及安全、工具等。方案编制需要小组成员分工讨论，反复修改完善完成。

试车操作，一定要熟悉试车方案，在得到指导教师同意和指导下，依据方案在实训装置中进行操作，注意安全。

按照具体实施步骤填写表 5-14。

表 5-14　任务 5.3 实施工单

工作任务	任务 5.3　化工装置的强度试验、气密性试验和置换		
实施步骤			
序号	实施内容	注意事项	负责人
1	了解化工装置的强度试验、气密性试验和置换基本知识。 （1）化工装置强度试验的对象和目的是什么？		

序号	实施内容	注意事项	负责人
1	（2）化工装置气密性的对象和目的是什么？ （3）压力容器气密性试验压力取多少？ （4）气密性试验所采用的气体是什么？ （5）气密性试验时，升压是如何分段缓慢进行的？ （6）气密性试验时如何检查泄漏？ （7）化工装置在开停车或检修前后，为什么要进行置换？ （8）化工装置通入可燃性气体前，必须以哪种气体置换空气？ （9）以惰性气置换可燃性气体时，置换后气体中可燃性气体成分不得高于_____%。 （10）以可燃性气体置换惰性气体时，置换后的气体中氧含量不得超过_____%。 （11）以惰性气体置换空气时，置换后的气体中氧含量不得高于_____%，如置换后直接输入可燃可爆介质，则要求置换后的气体中氧含量不得高于_____%。 （12）以空气置换惰性气时，置换后的气体中氧含量不得低于_____%。		
2	编写气密性试验方案，依据方案进行气密性试验操作。 气密性试验方案包括编制依据、吹扫范围（隔离）、试验介质、应具备的条件、操作程序、检查验收标准、安全注意事项及物质准备等	小组编写试车方案，现场口述操作	
3	编写气体置换方案，依据方案进行气体置换操作。 气体置换方案包括置换范围（隔离）、置换介质、置换规定、置换的入口和排放口、检查验收标准、安全措施与注意事项等	小组编写试车方案，现场口述操作	

序号	实施内容	注意事项	负责人
4	编写蒸汽吹扫方案，依据方案进行蒸汽吹扫操作。 蒸汽吹扫方案包括吹扫范围，蒸汽管网级别划分，吹扫蒸汽流量的确定和各级别蒸汽参数（压力、过热温度值）的计算和确定，吹扫方法、吹扫顺序、排放口位置、吹扫用临时配管、阀门和支架、吹扫质量鉴定方法和标准、吹扫人员组织及吹扫中的安全措施与注意事项等	小组编写试车方案，现场口述操作	

示范展示	
展示任务	展示要求
强度试验、气密性试验和置换基本知识的了解情况	随机抽取同学，分享自己所学和所思
气密性试验方案及操作	小组推选一人，向全班同学现场展示气密性试验方案，现场气密性试验操作
气体置换方案及操作	小组推选一人，向全班同学现场展示气体置换方案，现场气体置换操作

三、任务评价

表 5-15　任务 5.3 评价表

自我评价		
评价项目	评价标准	得分
理论知识	A. 90 ~ 100 分	
实践技能	B. 80 ~ 90 分 C. 70 ~ 80 分	
成果展示	D. 60 ~ 70 分 E. 0 ~ 60 分	
合计		
小组评价		
评价项目	标准	得分
计划合理		
方案合理		
团队合作		
组织有序		
工作质量	优（8分）	
工作效率	良（7分） 中（6分）	
工作完整	差（4分）	
工作规范		
识读报告		
成果展示		
合计		

教师评价				
评价任务		评价标准	分值	得分
考勤（10%）		无无故迟到、早退、旷课	10	
工作过程（60%）	应知	能完成应知任务，正确描述相关知识概念、工程术语，并能初步应用于实践中	10	
	应会	能正确完成应会操作任务，能理解操作步骤的原理和目标	10	
	工作态度	态度端正、工作认真、主动	5	
	协调能力	与小组成员之间能合作交流，协调工作	5	
	职业素质	能做到安全生产，文明工作，保护环境，爱护公共设施	5	
项目成果（30%）	工作完整	能按时完成任务	5	
	工作规范	按任务要求执行	5	
	语言图文汇报	交流顺畅、资料完整	20	
	现场操作展示	操作准确、知行合一	25	
合计			100	

综合评价			
自评（20%）	小组互评（30%）	教师评价（50%）	综合得分

四、总结反思

根据评价结果，总结自我不足。

项目 6

化工装置的联动试车

▷ ▷ ▷ ▷ ▷

项目描述

　　化工装置的联动试车是新建化工装置由单机试车到化工投料期间的试运阶段。通过水（以水、空气为介质）联运试车学习，编写联动试车方案，全面检查装置的机器设备、管道、阀门、自控仪表、联锁和供电等公用工程配套的性能与质量，全面检查施工安装是否符合设计与标准规范，以及达到化工投料的要求，进行生产操作人员的实战演练。模拟水联动试车情景进行操作，掌握装置联动试车的目的、条件、开停车操作控制方法及事故处理措施。

　　本项目依据《化工总控工职业标准》技能点，以实训装置联动试车为例，完成任务 6.1 联动试车方案的编制、任务 6.2 联动试车前必须具备的条件、任务 6.3 水联动试车及逆式开车学习训练，达到化工装置联动试车的开车、停车及事故处理职业能力要求。

项目分析

　　本项目是在前面 5 个项目完成开车必备条件检查准备后，在生产性实训装置，以水、空气为介质或与生产物料相类似的其他介质代替生产物料，对实训装置进行带负荷模拟试运行，机器、设备、管道、电气、自动控制系统等全部投用，整个系统联合运行，以检验其除受工艺介质影响外的全部性能和制造、安装质量，验证系统的安全性和完整性等，并对参与试车的人员进行演练。

　　联动试车的重点是掌握开、停车及调整各项工艺条件，检查缺陷，一般应从单系统开始，然后扩大到几个系统或全部装置的联运。

任务 6.1 联动试车方案的编制

● 职业技能目标

表 6-1 《化工总控职业标准》（四级／中级工）

序号	职业功能	工作内容	技能要求
1	1. 生产准备	1.3 设备与动力准备	1.3.4 能确认设备、电器、仪表具备开车条件

● 学习目标

知识目标

1. 了解化工装置进行模拟试运行的目的、条件和方法。
2. 理解化工装置联动试车的重点。
3. 分析工艺指标、分析指标、联锁值、报警值。

能力目标

1. 能解决设备维护中存在的问题。
2. 能操作检查实训装置设备和管线的保温、防冻、防凝、防腐等。
3. 能熟练完成实训装置机泵放油和清洗。
4. 能熟练完成实训装置润滑油过滤。

素质目标

1. 树立安全生产意识和经济意识，逐步具备责任感。
2. 增强分析问题、解决问题的能力，逐渐形成自我学习能力。

● 任务导入

新建化工装置用水替代真实物料进行模拟联动试车，全面检查装置，是否符合设计与标准规范及达到化工投料的要求，并进行生产操作人员的实战演练。

● 任务描述

以实训装置为例，完成以下任务：

1. 发现设备维护中存在的问题。
2. 检查实训装置设备和管线的保温、防冻、防凝、防腐等。
3. 完成实训装置机泵放油和清洗，润滑油过滤加油。

1. 联动试车的主要任务是什么？
2. 联动试车方案主要包括哪些内容？

● 知识准备

1. 预试车

预试车是安装就位后的工作，是施工过程的最后收尾阶段，包括以下几项：

（1）管道强度试验、烘炉；

（2）静止设备开启检查及恢复；

（3）设备填料的装填（包括分子筛、树脂）管路的吹扫及气密试验（按施工规范要求）；

（4）运转设备无负荷及带负荷试运及测试（单机试车）；

（5）DCS/仪表电器调试及联锁回路调试等。

2. 冷试车（联动试车）

冷试车（联动试车）由总包的施工管理人员负责组织，分包方的施工人员具体操作，总包的试车管理人员及业主人员额外监督。

冷试车是装置竣工（中间交接）后为装置原始启动所做的一切工作，是热试车（化工投料试车）的基础，包括以下几项：

（1）煮炉、管道及设备的清洗预膜。

（2）催化剂、化学品的装填。

（3）DCS 及联锁回路试验。

（4）紧急停车试验。

（5）模拟物料运转（水运、油运、冷运、热运）。

（6）系统干燥置换、预热、预冷等。

联动试车的主要任务是以水、空气为介质或与生产物料相类似的其他介质代替生产物料，对化工装置进行带负荷模拟试运行，机器、设备、管道、电气、自动控制系统等全部投用，整个系统联合运行，以检验其除受工艺介质影响外的全部性能和制造、安装质量，验证系统的安全性和完整性等，并对参与试车的人员进行演练。

联动试车的重点是掌握开、停车及模拟调整各项工艺条件，检查缺陷，一般应从单系统开始，然后扩大到几个系统或全部装置的联运。

联动试车方案由建设（生产）单位负责编制并组织实施，施工、设计单位参与。主要包括以下内容：

（1）试车目的。

（2）试车组织指挥。

（3）试车应具备的条件。

（4）试车程序、进度网络图。

（5）主要工艺指标、分析指标、联锁值、报警值。

（6）开停车及正常操作要点。

（7）相应的安全措施和事故应急预案。

（8）试车物料数量与质量要求。

（9）试车保运体系。

不受工艺条件影响的显示仪表和报警装置皆应参加联动试车，自控和联锁装置可以在试车过程中逐步投用，在联锁装置投用前，应采取措施保证安全，试车中应检查并确认各自动控制阀的阀位与控制室的显示相一致。

联动试车应做到：在规定期限内试车系统首尾衔接、稳定运行；参加试车的人员分层次、分类别掌握开车、停车、事故处理和调整工艺条件的操作技术；通过联动试车，及时发现和消除化工装置存在的缺陷和隐患，完善化工投料试车的条件。

● **任务实践**

一、任务分组

表 6-2　任务 6.1 学生任务分配表

班级		组号		指导教师	
组长		教学任务		任务 6.1　联动试车方案的编制	
序号	姓名 / 小组		学号	任务分配	
1					
2					
3					
4					
5					
6					

二、任务实施

完成化工装置联动试车的基础知识问题，以实训装置为例解决一些工程实践问题，熟悉工程术语及日常巡检操作规定。

按照具体实施步骤填写表 6-3。

表 6-3　任务 6.1 实施工单

工作任务	任务 6.1　联动试车方案的编制		
实施步骤			
序号	实施内容	注意事项	负责人
1	了解联动试车方案的编制基本知识。 （1）联动试车的目的是什么？ （2）联动试车是以哪些介质代替生产物料进行模拟试运行？ （3）联动试车的重点是什么？ （4）什么是工艺指标、分析指标、联锁值、报警值？		
2	能发现设备维护中存在的问题。 动设备问题：＿＿＿＿＿＿＿＿＿＿＿ 静设备问题：＿＿＿＿＿＿＿＿＿＿＿ 仪表问题：＿＿＿＿＿＿＿＿＿＿＿＿ 仪表问题：＿＿＿＿＿＿＿＿＿＿＿＿	小组讨论汇总展示	
3	能检查实训装置设备和管线的保温、防冻、防凝、防腐等。 保温问题：＿＿＿＿＿＿＿＿＿＿＿＿ 防冻问题：＿＿＿＿＿＿＿＿＿＿＿＿ 防凝问题：＿＿＿＿＿＿＿＿＿＿＿＿ 防腐问题：＿＿＿＿＿＿＿＿＿＿＿＿	小组讨论汇总问题	
4	能完成实训装置机泵放油和清洗，润滑油过滤加油。 放油和清洗机泵设备位号：＿＿＿＿＿＿ 加油机泵设备位号：＿＿＿＿＿＿＿	每个同学都要会操作	
示范展示			

展示任务	展示要求
联动试车方案的编制基本知识的了解情况	随机抽取同学，分享自己所学和所思
发现设备维护中存在的问题（口述）	小组推选一人，向全班同学现场分析讲解
设备和管线的保温、防冻、防凝、防腐等	小组推选一人，向全班同学讲解现场检查实训装置设备和管线的保温、防冻、防凝、防腐情况
机泵放油和清洗，润滑油过滤加油	小组推选一人，向全班同学现场演示机泵放油和清洗，润滑油过滤加油操作

三、任务评价

表 6-4　任务 6.1 评价表

自我评价		
评价项目	评价标准	得分
理论知识	A．90～100 分 B．80～90 分 C．70～80 分 D．60～70 分 E．0～60 分	
实践技能		
成果展示		
合计		
小组评价		
评价项目	标准	得分
计划合理	优（8分） 良（7分） 中（6分） 差（4分）	
方案合理		
团队合作		
组织有序		
工作质量		
工作效率		
工作完整		
工作规范		
识读报告		
成果展示		
合计		

教师评价				
评价任务	评价标准		分值	得分
考勤（10%）	无无故迟到、早退、旷课		10	
工作过程 （60%）	应知	能完成应知任务，正确描述相关知识概念、工程术语，并能初步应用于实践中	10	
	应会	能正确完成应会操作任务，能理解操作步骤的原理和目标	10	
	工作态度	态度端正、工作认真、主动	5	

工作过程 （60%）	协调能力	与小组成员之间能合作交流，协调工作	5	
	职业素质	能做到安全生产，文明工作，保护环境，爱护公共设施	5	
项目成果 （30%）	工作完整	能按时完成任务	5	
	工作规范	按任务要求执行	5	
	语言图文汇报	交流顺畅、资料完整	20	
	现场操作展示	操作准确、知行合一	25	
合计			100	

综合评价			
自评（20%）	小组互评（30%）	教师评价（50%）	综合得分

四、总结反思

根据评价结果，总结自我不足。

任务 6.2　联动试车前必须具备的条件

● 职业技能目标

表 6-5　《化工总控工职业标准》（四级 / 中级工）

序号	职业功能	工作内容	技能要求
1	1. 生产准备	1.1　工艺文件准备	1.1.4　能识记污染源、危险源及控制方法
2	2. 生产操作	2.3　停车操作	2.3.4　★能按操作法处置"三废"
3	3. 故障判断与处理	3.1　故障判断	3.1.8　★能判断"三废"排放异常

● 学习目标

知识目标

了解化工装置污染源、危险源和"三废"处理。

能力目标

能管理实训装置为例能识记污染源、危险源及控制方法。

素质目标

养成自主学习习惯，提高信息检索和加工能力。

● 任务导入

新建化工装置在联动试车前需要检查确认条件，这是关系到试车安全、顺利的重要内容，需要充分认识和严格执行。虽然联动试车前必须具备的条件是针对新建化工装置试车，但也是日常生产装置开车的必备条件，需要清楚每一项要求，严格执行。

● 任务描述

以实训装置为例，完成以下任务：

1. 识记污染源、危险源及控制方法，按操作法处置"三废"。
2. 编写装置开车前的检查确认清单。

● 课前预习

1. 化工装置联动试车条件、检查包括哪些？
2. 什么是污染源、危险源？

一、联动试车应具备的条件

联动试车必须具备以下条件，并经全面检查、确认合格后，方可开始：

（1）试车范围内的机器、设备等单机试车全部合格，单项工程或装置机械竣工及中间交接完毕。

（2）生产管理机构已建立，岗位责任制已制定、落实并执行。

（3）技术人员、班组长、岗位操作人员已经确定，经考试合格并取得上岗证。

（4）设备位号、管道介质名称和流向及安全色按规范标志标识完毕。

（5）公用工程已平稳运行。

（6）试车方案和有关操作规程已经批准并印发到岗位及个人，在现场以适当形式公布。

（7）试车工艺指标、联锁值、报警值经生产技术部门批准并公布。

（8）生产记录报表齐全并已印发到岗位。

（9）机、电、仪修和化验室已交付使用。

（10）通信系统已畅通。

（11）安全卫生、消防设施、气防器材和温感、烟感、有毒有害可燃气体报警、防雷防静电、电视监控等防护设施已处于完好备用状态。

（12）职业卫生监测点已确定，按照规范、标准应设置的标识牌和警示标志已到位。

（13）保运队伍已组建并到位。

（14）试车现场有碍安全的机器、设备、场地、通道处的杂物等已经清理干净。

二、化工污染的来源防治

化工污染是指化学工业生产过程中产生的废气、污染物等，这些废物在一定浓度以上大多是有害的，有的还是剧毒物质，进入环境就会造成污染。有些化工产品在使用过程中又会引起一些污染，甚至比生产本身所造成的污染更为严重、更为广泛。

1. 化工污染的来源

化工污染物按污染物的性质可分为无机化学工业污染和有机化学工业污染；按污染物的形态可分为废气、废水及废渣。化工污染物的主要来源大致可分为两个方面，即化工生产的原料、半成品及产品；化工生产过程中排放出的废物。

2. 化工生产的原料、半成品及产品

（1）化学反应不完全。所有的化工生产中，都有一个转化率的问题，即原料不可能全部转化为半成品或成品。未反应的原料虽然可以回收利用，但因回收不完全或不可能回收，总有一部分被排放掉。若化工原料为有害物质，排放后便会造成环境污染。

（2）原料不纯。有时化工原料本身纯度不够，其中含有杂质。一般情况下，这些杂质是不需要参与化学反应的，最后要被排放掉。可是，大多数杂质为有害的化学物质，会造成环境污染。

（3）"跑、冒、滴、漏"。物料在储存、运输及生成过程中，由于设备、管道等封闭不严密，往往会造成化工原料、产品的泄漏，习惯上称为"跑、冒、滴、漏"现象。这一现象不仅造成经济上的损失，同时，还可能造成严重的环境污染事故，甚至会带来难以预料的后果。

3. 化工生产过程中排放出的废物

（1）燃烧过程。绝大多数的化工生产过程需要在一定的压力和温度下进行，因此，需要有能量的输入，通常获取能量的方式是燃烧大量的燃料。但是在燃料的燃烧过程中，不可避免地要产生大量的废气和烟尘，对环境造成极大的危害。

（2）冷却水。化工生产过程中除需要大量的热能外，还需要大量的冷却水。在生产过程中，用水进行冷却的方式有直接冷却和间接冷却两种。当采用直接冷却时，冷却水直接与被冷却的物料进行接触，这种冷却方式很容易使水中含有化工物料，而成为污染物质；当采用间接冷却时，虽然冷却水不与物料直接接触，但因为在冷却水中往往加入防腐剂、杀藻剂等化学物质，排出后也会造成污染问题，即便没有加入有关的化学物质，冷却水也会对周围环境带来热污染问题。

（3）副反应。在化工生产中，进行主反应的同时，经常伴随着副反应，并得到一些人们所不希望的副产物。虽然可以回收副产物，但副产物的数量往往不大，且成分又比较复杂，使得回收必须面临技术和经济问题，因而，实际上往往将副产物作为废料排弃，故会引起环境污染。

（4）生产事故造成的化工污染。经常发生的生产事故是设备事故。在化工生产中，因为原料、半成品或成品很多都是具有腐蚀性，容器、管道等很容易被化工原料或产品腐蚀损坏，如检修不及时，就会出现"跑、冒、滴、漏"等现象，流失的原料、成品或半成品就会造成对周围环境的污染。偶然发生的生产事故是工艺过程事故，如化工生产过程中反应条件没有控制好，或者催化剂没有及时更换，或者为了安全而大量排气、排液，或者生产了不需要的物质。这种废气、废液和不需要的物质，数量比平时多，浓度比平时高，就会造成一时的严重污染。

总之，化学工业排放出的废物，不外乎是三种形态的物质，即废气、废水和废渣，总称为化工"三废"。然而，任何废物本身并非是绝对的"废物"，从某种意义上讲，任何物质对人类来说都是有用的，一旦人们合理地利用废物，就完全能够"变废为宝"。

4. 化工污染的特点

化学工业排出的污染物对水和大气都会造成污染，其中尤其以水污染问题更为突出。

化工废水是在化工生产过程中所排出的废水，其成分取决于生产过程中所采用的原料及工艺，可分为生产污水和生产废水两种。生产废水是指较为清洁，不经处理即可排放或回用的化工废水，如化工生产中的冷凝水。生产污水是指那些污染较为严重，需经过处理后才可排放的化工废水。化工废水的污染特点有以下几个方面：

（1）有毒性和刺激性。化工废水中含有许多污染物，有些是有毒或剧毒的物质，如氰、酚、砷、汞、镉和铅等，这些物质在一定浓度下，大多对生物和微生物有毒性或剧毒性；有些物质不易分解，在生物体内长期积累会造成中毒。

（2）生物需氧量（BOD）和化学需氧量（COD）都较高。化工废水特别是石油化工生产废水，含有各种有机酸、醇、醛、酮、醚和环氧化合物等，其特点是生化需氧量和化学需氧量都较高，有的高达几万毫克每升。这种废水一经排入水体，就会在水中进一步氧化水解，从而消耗水中大量的溶解氧，直接威胁水生生物的生存。

（3）pH 值不稳定。化工生产排放的废水，时而呈强酸性，时而呈强碱性，pH 值很不稳定，对水生生物、构筑物和农作物都有极大的危害。

（4）营养化物质较多。化工生产废水中有的含磷、氮量过高，造成水域富营养化，使水中藻和微生物大量繁殖，严重时还会形成"赤潮"，造成鱼类窒息而大批死亡。

（5）废水温度较高。由于化学反应常在高温下进行，排出的废水水温较高。这种高温度水排入水域后，会造成水体的热污染，使水中溶解氧降低，从而破坏水生生物的生存条件。

（6）油污染较为普遍。石油化工废水中一般都含有油类，不仅危害水生生物的生存，而且增加了废水处理的复杂性。

（7）恢复比较困难。受化工有害物质污染的水域，即使减少或停止污染物排出，要恢复到水域的原料状态，仍需很长时间，特别是对于可以被生物所富集的重金属污染物质，停止排放后仍很难消除污染状态。

5. 化工污染防治途径

要有效防治化工污染，应从两个方面考虑：一是减少排放；二是加强治理。治理包括对废物的妥善处理、回收及资源化利用。

三、化工危险源

石油化工装置类型甚多，由于技术路线、原料、产品、工艺条件的差异，存在的危险因素不尽相同，大致归纳如下：

（1）中毒。石油化工在生产过程中，以原料、成品、半成品、中间体、反应副产物和杂质等形式存在的职业性接触毒物，在工人操作时，可经过口、鼻、皮肤进入人体，使生理功能和正常结构发生病理改变，轻则扰乱人体的正常反应，降低人在生产中作出正确判断、采取恰当措施的能力，重则致人死亡。

（2）火灾爆炸。可燃气体、油气、粉尘与空气形成的混合物，当其浓度达到爆炸极限时，一旦被引燃，就会发生火灾爆炸，火灾的辐射热和爆炸产生的冲击波可能对人、设备和建筑物造成杀伤和破坏。尤其大量可燃气体或油气泄漏形成的蒸汽云爆炸，往往是毁灭性的。

（3）反应过程。化学反应过程可分为吸热和放热两类。通常，放热反应较吸热反应更具危险性，特别是使用强氧化剂的氧化反应，有机分子上引入卤原子的卤化反应。

（4）负压操作。负压操作易使空气和湿气进入系统，或是形成爆炸性气体混合物，或是空气中的氧和水蒸气引发对氧、水敏感物料的危险反应，如炼油的常减压装置中的减压塔系统。

（5）高温操作。可燃液体操作温度超过其闪点或沸点，一旦泄漏会形成爆炸性油气蒸汽云；可燃液体操作温度等于或超过其自燃点，一旦泄漏即能自燃着火或成为引燃源；高温表面也是一个引燃源，可燃液体溅落其上可能引起火灾。如 2001 年某石化分公司焦化装置由于用错管线材料，高温渣油冲出形成大火灾，发生重大人身伤亡事故。

（6）低温操作。没有按低温条件设计，由于低温介质的窜入，而引起设备和管道的低温脆性破坏。如空分的低温设备的损坏，低温脆性断裂等。

（7）腐蚀。腐蚀是导致设备和管道破坏引发火灾的常见因素。材料的抗腐蚀性能的重要性，在材料优化性能方面，仅次于材料的机械性能，其耐蚀性多出于经验和试验，标准不全。加之腐蚀类型的多样性和千变万化的环境条件影响又给腐蚀危险增加了不可预见性，如油罐着火、高温硫腐蚀、低温硫腐蚀等。

（8）泄漏。泄漏是设备管道内危险介质释放至大气的重要途径。设备管道静密封和动密封失效，尤其温度压力周期变化、渗透性腐蚀性介质条件更易引起密封破坏。设备管道上的薄弱环节，如波纹管膨胀节、玻璃液位计、动设备的动密封的失效等，一旦损坏会引发严重的事故。如 1996 年某炼化公司的加氢装置高温高压螺纹锁紧环管线泄漏引发重大火灾。

（9）明火源。一个 0.5 mm 长的电弧或火花就能将氢气引燃。装置明火加热设备（加热炉），高温表面以及可能出现的电弧、静电火花、撞击摩擦火花、烟囱飞火能量都足以引燃爆炸性混合物。例如 2001 年，某炼化公司的新电站开工过程中汽轮机厂房大火。

● 任务实践

一、任务分组

表 6-6　任务 6.2 学生任务分配表

班级		组号		指导教师	
组长		教学任务		任务 6.2　联动试车前必须具备的条件	
序号	姓名 / 小组		学号		任务分配
1					
2					
3					
4					
5					
6					

二、任务实施

完成化工装置联动试车前必须具备的条件的基础知识问题，理解开车条件要求和停车注意事项，制定相应的确认清单，以此保障开、停车操作的安全，确认条件按规定合格后，方可开始操作。

按照具体实施步骤填写表6-7。

表 6-7 任务 6.2 实施工单

工作任务	任务 6.2 联动试车前必须具备的条件		
实施步骤			
序号	实施内容	注意事项	负责人
1	了解联动试车前必须具备的条件基本知识。 （1）联动试车必须具备的条件有哪些？ （2）什么是污染源、危险源？ （3）装置开车前要做哪些检查？		
2	以实训装置为例，编写装置开车前的检查确认清单表，小组讨论各项确认条件标准，并在装置现场对照清单表逐一进行检查确认签字	小组讨论，编写确认清单表，小组检查确认，组长签字负责	
3	以实训装置为例能分析识记污染源、危险源及控制方法，按操作法处置"三废"	小组讨论，分析装置有哪些污染源、危险源及控制方法	
示范展示			
展示任务		展示要求	
联动试车前必须具备的条件基本知识的了解情况		随机抽取同学，分享自己所学和所思	
编写装置开车前的检查确认清单表，并进行确认签字		小组推选一人，向全班同学分析讲解编写的装置开车前检查确认清单表、确认标准，并进行确认签字	
识记实训装置污染源、危险源及控制方法，按操作法处置"三废"		小组推选一人，向全班同学举例分析讲解实训装置污染源、危险源及控制方法，按操作法处置"三废"	

三、任务评价

表 6-8　任务 6.2 评价表

自我评价		
评价项目	评价标准	得分
理论知识	A. 90～100 分 B. 80～90 分 C. 70～80 分 D. 60～70 分 E. 0～60 分	
实践技能		
成果展示		
合计		
小组评价		
评价项目	标准	得分
计划合理		
方案合理		
团队合作		
组织有序		
工作质量	优（8 分） 良（7 分） 中（6 分） 差（4 分）	
工作效率		
工作完整		
工作规范		
识读报告		
成果展示		
合计		

教师评价				
评价任务		评价标准	分值	得分
考勤（10%）		无无故迟到、早退、旷课	10	
工作过程 （60%）	应知	能完成应知任务，正确描述相关知识概念、工程术语，并能初步应用于实践中	10	
	应会	能正确完成应会操作任务，能理解操作步骤的原理和目标	10	
	工作态度	态度端正、工作认真、主动	5	
	协调能力	与小组成员之间能合作交流，协调工作	5	
	职业素质	能做到安全生产，文明工作，保护环境，爱护公共设施	5	

项目成果 (30%)	工作完整	能按时完成任务	5	
	工作规范	按任务要求执行	5	
	语言图文汇报	交流顺畅、资料完整	20	
	现场操作展示	操作准确、知行合一	25	
合计			100	

综合评价			
自评（20%）	小组互评（30%）	教师评价（50%）	综合得分

四、总结反思

根据评价结果，总结自我不足。

任务 6.3　水联动试车及逆式开车

● 职业技能目标

表 6-9　《化工总控工职业标准》（二级/技师）

序号	职业功能	工作内容	技能要求
1	1. 生产准备	1.2　设备与动力准备	1.2.1　能完成联动试车

● 学习目标

知识目标

1. 理解化工装置开车前要做的检查。

2. 理解停车操作注意事项。

3. 了解化工装置的"逆式开车"。

能力目标

1. 能编写装置开车前的检查确认清单。

2. 能编制水联动试车方案，并执行开车操作。

3. 能以实训装置为例，口述进行逆式开车操作。

素质目标

1. 具有自主学习习惯，提高信息检索和加工能力。

2. 具有追求知识、独立思考、勇于创新的科学态度和踏实能干、任劳任怨的工作作风。

● 任务导入

水联动试车是以水或水与空气等惰性气体为介质，对化工装置以液体或液体与气体运行的系统进行模拟试运行，是对装置的全面检验，也是对操作人员进行的一次全面训练和熟悉操作。

水联动试车操作，一定要熟悉试车方案，在得到指导教师同意和指导下，依据方案在实训装置中进行操作，注意安全。

● 任务描述

以实训装置为例，完成以下任务：

1. 编制水联动试车方案。

2. 以实训装置为例，口述逆式开车操作。

3. 按照方案执行开车操作。

一、水联动试车

水联动试车是以水或水与空气等惰性气体为介质，对化工装置以液体或液体与气体运行的系统进行模拟试运行。它的目的是检验其装置或系统除受真正化工投料中介质影响外的全部性能和安装质量，特别是仪表联动控制的效果。对操作人员进行一次全面训练和熟悉操作，对公用工程的水、电、汽、风（仪表空气、惰性气）供应情况进行一次考核，消除试运过程中发现的缺陷，同时通过速度较大的液体循环，继续带出经吹扫后可能残存于系统中的少量锈斑、细小的焊渣、杂物等，为装置或系统引入物料、化工投料试车前的一项重要工作。

（1）联动试车方案的编制。联动试车方案是指导联动试车的纲领性文件。它由生产单位编制并组织实施、施工和设计等有关单位参加，它通常由下列几个方面组成：

①试车的目的和编制依据。

②试车的组织指挥系统。

③试车应具备的条件。

④试车内容、程序、进度网络图。

⑤主要工艺指标、分析控制指标、仪表联锁值、报警值等。

⑥开、停车与正常操作控制方法、事故的处理措施。

⑦试车用物料（包括公用工程部分）的数量与质量的要求。

⑧试车的保运体系。

（2）水联动试车应具备的条件。

①装置或系统设备、管道等经吹扫、冲洗、气密试验合格；真空系统试验合格。

②全部仪表及控制系统已经调试合格待用。

③传动设备单体试车合格并交付使用；运转设备已有足够的备件。

④各设备和管道按设计保温完毕；各安全阀按设计整定检验合格。

⑤安全和消防设施齐备；工具及记录报表齐全；现场清理完毕，道路畅通，调度与通信畅通。

⑥公用工程系统已稳定运行，冷却水、脱盐水、蒸汽、仪表空气及服务空气、电等能满足全系统联动试车要求。

⑦试车方案和操作规程已编制公布（包括水联动试车水循环图）。

⑧各项工艺指标已经生产管理部门批准公布，操作人员人手一册。

⑨已建立岗位责任制。

⑩专职技术人员和操作人员已确定，并考试合格和持证上岗。

⑪试车前应加的临时管线及有关措施已完成。

（3）水联动试车步骤和操作要点。

①准备工作：

a. 检查各设备、管道、阀门、仪表和安全阀均处于完好备用状态。

b. 按水联动试车要求，检查系统需要拆装的盲板及临时管线是否就位。

c. 检查各应开和应关的阀门是否处于正确状态。

d. 将公用工程水、电、汽引至界区内。

②试车步骤：

a. 系统充压。在化工装置中，许多物料的流动靠压差来实现，所以建立水联动试车之前，要求系统以空气充压，其充压压力一般宜近于系统操作压力。

b. 按水循环流程要求，由临时接管或泵向系统各塔、槽送入脱盐水，建立各自的正常液位，开泵建立循环并调节至相应流量。

c. 引相关的公用工程，如冷却水、蒸汽等至系统使用设备，并逐渐调节至水循环要求的指标。

d. 真空系统采用系统走水抽真空。

e. 检查全系统各测控点指标，所有自控装置情况尽量投入自控，以检查自控仪表的自调性能。

f. 通常水循环稳定运行 48 h 为合格。

（4）水联动试车中的注意事项。

①水联动试车按水循环流程进行，应防止水窜入其他不参加水联动试车的部位。

②水经冷却器、换热器和控制阀时，若有副线，应先走副线，待干净后再走换热器和控制阀。

③水联动试车中发现过滤网堵塞或管线堵塞，应及时拆下过滤网进行清扫，或找出堵塞部位加以清理好。

④水联动试车中，必须控制泵出口流量不要过大，以防电机超电流（以电机额定电流为限）。

⑤水联动试车中，备用泵应切换使用。

⑥塔、容器、换热器等设备充水完毕，在开始水联动试车之前，必须在各低点排污。

⑦水循环脏后，可视情况部分排放，补充新鲜水或全部排放，重新建立循环。

⑧水循环结束后，要及时进行全系统水排空处理，此时应注意各容器气相通大气，防止排水时容器内造成真空，损坏设备。

⑨水联动试车结束后，应填写水联动试车模拟试车报告。

⑩在冬季进行水联动试车，必须要充分考虑防冻措施。

二、逆式开车

化工装置的"逆式开车"是指不按正常生产工艺流程的顺序由前向后的开车，而是在主体生产装置化工投料前，利用外进物料（或近似物料、代用料），将下游装置、单元或工序先开起来，打通后路待上游装置中间产品（产物）进来后，即可连续生产，减少中间环节的放空损失和中间环节的停滞，尽快打通全流程。这种在主要生产工序或装置化工投料前，利用外进物料使尽可能多地生产装置、单元或先行投料开车的方法，称为逆式开车法。实践证明，这已是一种被普遍采用的、行之有效的科学开车方法。

● 任务实践

一、任务分组

表 6-10　任务 6.3 学生任务分配表

班级		组号		指导教师	
组长		教学任务		任务 6.3　水联动试车及逆式开车	
序号	姓名 / 小组		学号		任务分配
1					
2					
3					
4					
5					
6					

二、任务实施

水联动试车是一项综合性、难度较大的任务，通过训练能够提升对化工装置整体运行的认识，首先需要熟练掌握装置的工艺、设备、仪表自动控制等知识，依据试车规范和PID图，编写试车方案。试车方案内容由小组成员协作编写，共同讨论完成，并在指导教师的指导下完成试车操作。

按照具体实施步骤填写表 6-11。

表 6-11　任务 6.3 实施工单

工作任务	任务 6.3　水联动试车及逆式开车		
实施步骤			
序号	实施内容	注意事项	负责人
1	了解水联动试车及逆式开车基本知识。 （1）什么是水联动试车？ （2）水联动试车的条件是什么？ （3）水联动试车的方法是什么？ （4）什么是化工装置的"逆式开车"？		
2	（1）结合实训装置编制水联动试车方案； （2）编写水联动试车应具备的条件确认表； （3）编写水联动试车步骤和操作要点； （4）水联动试车中的注意事项	小组讨论，编写试车方案；检查确认试车条件表；编写试车操作要点及实施	
3	以实训装置为例，口述进行逆式开车操作 外进物料：＿＿＿＿＿＿＿＿＿＿＿＿＿ 试车的下游装置、单元或工序：＿＿＿＿＿ 检验系统或单元装置合格	口述操作	
示范展示			

展示任务	展示要求
水联动试车及逆式开车基本知识的了解情况	随机抽取同学，分享自己所学和所思
编制水联动试车方案、条件表、操作要点，并开车操作	小组推选一人，向全班同学现场展示： （1）结合实训装置编制水联动试车方案； （2）编写水联动试车应具备的条件确认表； （3）编写水联动试车步骤和操作要点； （4）水联动试车中的注意事项
以实训装置为例，口述进行逆式开车操作	小组推选一人，向全班同学现场口述进行逆式开车操作

三、任务评价

表 6-12 任务 6.3 评价表

自我评价		
评价项目	评价标准	得分
理论知识	A．90～100分 B．80～90分 C．70～80分 D．60～70分 E．0～60分	
实践技能		
成果展示		
合计		
小组评价		
评价项目	标准	得分
计划合理	优（8分） 良（7分） 中（6分） 差（4分）	
方案合理		
团队合作		
组织有序		
工作质量		
工作效率		
工作完整		
工作规范		
识读报告		
成果展示		
合计		

教师评价				
评价任务		评价标准	分值	得分
考勤（10%）		无无故迟到、早退、旷课	10	
工作过程 （60%）	应知	能完成应知任务，正确描述相关知识概念、工程术语，并能初步应用于实践中	10	
	应会	能正确完成应会操作任务，能理解操作步骤的原理和目标	10	
	工作态度	态度端正、工作认真、主动	5	
	协调能力	与小组成员之间能合作交流，协调工作	5	
	职业素质	能做到安全生产，文明工作，保护环境，爱护公共设施	5	

项目成果（30%）	工作完整	能按时完成任务	5	
	工作规范	按任务要求执行	5	
	语言图文汇报	交流顺畅、资料完整	20	
	现场操作展示	操作准确、知行合一	25	
合计			100	
综合评价				
自评（20%）	小组互评（30%）	教师评价（50%）		综合得分

四、总结反思

根据评价结果，总结自我不足。

项目 7

化工装置投料试生产

▷▷▷▷▷▷

项目描述

化工装置投料是指一套化工装置经过土建安装、单机试车、中间交接、联动试车之后，对装置投入主要原料进行试生产的过程。

为进行装置单机试车、倒开车等而投入的部分物料不能称为化工投料，习惯上将第一次投入原料的日期称为化工投料日。将第一次生产出合格产品的日期称为投产日。自投料日至投产日的过程称为化工投料过程。

本书依据《化工总控工职业标准》职业能力要求，以生产性实训装置生产操作为载体，将职业技能目标融入典型工作任务学习训练中。至此，已学习训练了"现代化工装置生产操作技能要求；化工识图准备；化工仪表及自动化系统准备；公用工程系统准备；化工装置原始开车设备检查；化工装置的联动试车"六个项目，"项目 7 化工装置投料试生产"是将前面 6 个项目的专项知识和技能综合应用到投料试生产中，掌握全装置工艺过程的原理、操作及事故分析与处理，操作和维护相关的机械设备、电气仪表、公用工程、DCS 控制、联锁保护、安全环保等职业能力。

本项目依据《化工总控工职业标准》技能点，以实训装置为例，完成包括任务 7.1 化工装置投料前必须具备的条件、任务 7.2 化工装置投料试车方案的编制、任务 7.3 化工装置操作规程和操作法的学习及操作训练，达到化工装置投料试车的开、停车及事故处理职业能力要求。

项目分析

本项目以生产性实训装置为例，进行化工装置投料前须具备的条件确认、化工装置投料试车方案的编制、化工装置操作规程及投料试车操作的学习和训练，获得化工装置从冷态准备检查试车，到投料生产的条件确认、化工生产操作的控制及事故处理的职业能力。

任务 7.1 化工装置投料前必须具备的条件

表 7-1 《化工总控工职业标准》（四级 / 中级工）

序号	职业功能	工作内容	技能要求
1	1. 生产准备	1.1 工艺文件准备	1.1.5 能识读质量、环境及职业健康安全管理体系文件
2		1.2 防护用品准备	1.2.1 能对劳动防护用品的配置提出建议
3			1.2.2 能检查劳动防护用品的佩戴和使用情况
4			1.2.3 能检查应急物品使用情况
5	3. 故障判断与处理	3.1 故障判断	3.1.7 能识别高处坠落、灼烫、物体打击等事故隐患

知识目标

1. 了解化工装置投料试生产应具备的条件。

2. 了解人员培训要求。

3. 理解生产管理制度。

4. 了解化工原材料、润滑油（脂）。

5. 了解环保工作达到"三同时"。

6. 理解化验分析在生产中的作用。

能力目标

1. 能对劳动防护用品的配置提出建议。

2. 能熟练检查劳动防护用品的佩戴和使用情况。

3. 能管理应急物品使用情况。

4. 能有效地使用质量、环境及职业健康安全管理体系文件。

5. 能解决高处坠落、灼烫、物体打击等事故隐患。

素质目标

1. 具有自我认知能力，有主动完成工作意识。

2. 具有化工生产规范操作意识，良好的观察力、逻辑判断力、紧急应变能力。

化工装置投料前应检查确认必须具备的条件，保障安全及人员防护。

以实训装置为例，完成以下任务：

1. 能对劳动防护用品的配置提出建议。
2. 能检查劳动防护用品的佩戴和使用情况。
3. 能检查应急物品使用情况。
4. 能识读质量、环境及职业健康安全管理体系文件。

化工装置投料前应检查确认哪些必须具备的条件？

化工装置投料前应检查确认必须具备的条件如下。

一、依法取得试生产方案备案手续

按照《危险化学品建设项目安全监督管理办法》的规定，将试生产（使用）方案报相应的安监部门备案，并取得备案证明文件。

二、单机试车及工程中间交接完成

（1）工程质量初评合格。

（2）"三查四定"的问题整改消缺完毕，遗留尾项已处理。

（3）影响投料的设计变更项目已施工完毕。

（4）单机试车合格。

（5）工程已办理中间交接手续。

（6）化工装置区内施工用临时设施已全部拆除；现场无杂物、无障碍。

（7）设备位号和管道介质名称、流向标志齐全。

（8）系统吹扫、清洗完成，气密试验合格。

三、联动试车已完成

（1）干燥、置换、三剂装填、计算机仪表联校等已完成并经确认。

（2）设备处于完好备用状态。

（3）在线分析仪表、仪器经调试具备使用条件，工业空调已投用。

（4）化工装置的检测、控制、联锁、报警系统调校完毕，防雷防静电设施准确可靠。

（5）现场消防、气防等器材及岗位工器具已配齐。

（6）联动试车暴露出的问题已经整改完毕。

四、人员培训已完成

（1）国内外同类装置培训、实习已结束。

（2）已进行岗位练兵、模拟练兵、防事故练兵、达到"三懂六会"（三懂：懂原理、懂结构、懂方案规程；六会：会识图、会操作、会维护、会计算、会联系、会排除故障），提高"六种能力"（思维能力，操作、作业能力，协调组织能力，防事故能力，自我保护救护能力，自我约束能力）。

（3）各工种人员经考试合格，已取得上岗证。

（4）已汇编国内外同类装置事故案例，并组织学习。对本装置试车以来的事故和事故苗头本着"四不放过"（事故原因未查清不放过，责任人员未处理不放过，整改措施未落实不放过，有关人员未受到教育不放过）的原则已进行分析总结，吸取教训。

五、各项生产管理制度已建立和落实

（1）岗位分工明确，班组生产作业制度已建立。

（2）各级试车指挥系统已落实，指挥人员已值班上岗，并建立例会制度。

（3）各级生产调度制度已建立。

（4）岗位责任、巡回检查、交接班等相关制度已建立。

（5）已做到各种指令、信息传递文字化，原始记录数据表格化。

六、经批准的化工投料试车方案已组织有关人员学习

（1）工艺技术规程、安全技术规程、操作法等已人手一册，化工投料试车方案主操以上人员已人手一册。

（2）每一试车步骤都有书面方案，从指挥到操作人员均已掌握。

（3）已实行"看板"或"上墙"管理。

（4）已进行试车方案交底、学习、讨论。

（5）事故应急预案已经制定并经过演练。

七、保运工作已落实

（1）保运的范围、责任已划分。

（2）保运队伍已组成。

（3）保运人员已上岗并佩戴标志。

（4）保运装备、工器具已落实。

（5）保运值班地点已落实并挂牌，实行 24 h 值班。

（6）保运后备人员已落实。

（7）物资供应服务到现场，实行 24 h 值班。

（8）机、电、仪修人员已上岗。

（9）依托社会的机、电、仪维修力量已签订合同。

八、供排水系统已正常运行

（1）水网压力、流量、水质符合工艺要求，供水稳定。

（2）循环水系统预膜已合格、运行稳定。

（3）化学水、消防水、冷凝水、排水系统均已投用，运行可靠。

九、供电系统已平稳运行

（1）工艺要求的双电源、双回路供电已实现。

（2）仪表电源稳定运行。

（3）保安电源已落实，事故发电机处于良好备用状态。

（4）电力调度人员已上岗值班。

（5）供电线路维护已经落实，人员开始倒班巡线。

十、蒸汽系统已平稳供给

（1）蒸汽系统已按压力等级运行正常，参数稳定。

（2）无跑、冒、滴、漏，保温良好。

十一、供氮、供风系统已运行正常

（1）工艺空气、仪表空气、氮气系统运行正常。

（2）压力、流量、露点等参数合格。

十二、化工原材料、润滑油（脂）准备齐全

（1）化工原材料、润滑油（脂）已全部到货并检验合格。

（2）"三剂"装填完毕。

（3）润滑油三级过滤制度已落实，设备润滑点已明确。

十三、备品配件齐全

（1）备品配件可满足试车需要，已上架，账物相符。

（2）库房已建立昼夜值班制度，保管人员熟悉库内物资规格、数量、存入地点，出库满足及时准确要求。

十四、通信联络系统运行可靠

（1）指挥系统通信畅通。

（2）岗位、直通电话已开通好用。

（3）调度、火警、急救电话可靠好用。

（4）无线电话、报话机呼叫清晰。

十五、物料贮存系统已处于良好待用状态

（1）原料、燃料、中间产品、产品贮罐均已吹扫、试压、气密、标定、干燥、氮封完毕。

（2）机泵、管线联动试车完成，处于良好待用状态。

（3）贮罐防静电、防雷设施完好。

（4）贮罐的呼吸阀、安全阀已调试合格。

（5）贮罐位号、管线介质名称与流向标识完全，罐区防火有明显标志。

十六、物流运输系统已处于随时备用状态

（1）铁路、公路、码头及管道输送系统已建成投用。

（2）原料、燃料、中间产品、产品交接的质量、数量、方式等制度已落实。

（3）不合格品处理手段已落实。

（4）产品包装设施已用实物料调试，包装材料齐全。

（5）产品销售和运输手段已落实。

（6）产品出厂检验、装车、运输设备及人员已到位。

十七、安全、消防、急救系统已完善

（1）经过风险评估，已制定相应的安全措施和事故预案。

（2）安全生产管理制度、规程、台账齐全，安全管理体系建立，人员经安全教育后取证上岗。

（3）动火制度、禁烟制度、车辆管理制度等安全生产管理制度已建立并公布。

（4）道路通行标志、防辐射标志及其他警示标志齐全。

（5）消防巡检制度、消防车现场管理制度已制定，消防作战方案已落实，消防道路已畅通，并进行过消防演习。

（6）岗位消防器材、护具已备齐，人人会用。

（7）气体防护、救护措施已落实，制定气防预案并演习。

（8）现场人员劳保用品穿戴符合要求，职工急救常识已经普及。

（9）生产装置、罐区的消防水系统、消防泡沫站、汽幕、水幕、喷淋，以及烟火报警器、可燃气体和有毒气体监测器已投用，完好率达到100%。

（10）安全阀试压、调校、定压、铅封完毕。

（11）锅炉、压力容器、压力管道、起重机、电梯等特种设备已经质量技术监督管理部门监督检验、登记并发证。

（12）盲板管理已有专人负责，进行动态管理，设有台账，现场挂牌。

（13）现场急救站已建立，并备有救护车等，实行24 h值班。

（14）其他有关内容要求。

十八、生产调度系统已正常运行

（1）调度体系已建立，各专业调度人员已配齐并经考核上岗。

（2）试车调度工作的正常秩序已形成，调度例会制度已建立。

（3）调度人员已熟悉各种物料输送方案，厂际、装置间互供物料关系明确且管线已开通。

（4）试车期间的原料、燃料、产品、副产品及动力平衡等均已纳入调度系统的正常管理之中。

十九、环保工作达到"三同时"

（1）生产装置"三废"处理设施已建成投用。

（2）环境监测所需的仪器、化学药品已备齐，分析规程及报表已准备完成。

（3）环保管理制度、各装置环保控制指标、采样点及分析频次等经批准公布执行。

二十、化验分析准备工作已就绪

（1）中间化验室、分析室已建立正常分析检验制度。

（2）化验分析项目、频率、方法已确定，仪器调试完毕，试剂已备齐，分析人员已持证上岗。

（3）采样点已确定，采样器具、采样责任已落实。

（4）模拟采样、模拟分析已进行。

二十一、现场保卫已落实

（1）现场保卫的组织、人员、交通工具已落实。

（2）入厂制度、控制室等要害部门保卫制度已制定。

（3）与地方联防的措施已落实并发布公告。

二十二、生活后勤服务已落实

（1）职工通勤车满足试车倒班和节假日加班需要，安全正点。

（2）食堂实行 24 h 值班，并做到送饭到现场。

（3）倒班宿舍管理已正常化。

（4）清洁卫生责任制已落实。

（5）相关文件、档案、保密管理等行政事务工作到位。

（6）气象信息定期发布，便于各项工作及时应对和调整。

（7）职工防暑降温或防寒、防冻的措施落实到位。

二十三、开车队伍和专家组人员已到现场

（1）开车队伍和专家组人员已按计划到齐。

（2）开车队伍和专家组人员的办公地点、交通、食宿等已安排就绪。

（3）有外国专家时，现场翻译已配好。

（4）化工投料试车方案已得到专家组的确认，开车队伍人员的建议已充分发表。

● 任务实践

一、任务分组

表 7-2　任务 7.1 学生任务分配表

班级		组号		指导教师	
组长		教学任务		任务 7.1　化工装置投料前必须具备的条件	
序号	姓名 / 小组		学号	任务分配	
1					
2					
3					
4					
5					
6					

二、任务实施

本项目需要结合化工安全生产课程所学知识和技能，应用到生产实践中，以实训装置生产操作过程为例，通过开车前检查安全设施的配置、使用等任务，将环境及职业健康安全与自己联系起来。

按照具体实施步骤填写表 7-3。

表 7-3　任务 7.1 实施工单

工作任务	任务 7.1　化工装置投料前必须具备的条件		
实施步骤			
序号	实施内容	注意事项	负责人
1	了解化工装置投料前必须具备的条件基本知识。 （1）投料试生产应具备哪些方面的条件？ （2）人员培训包括哪些要求？ （3）生产管理制度包括哪些？ （4）以实训装置为例，化工原材料、润滑油（脂）包括哪些？ （5）什么是环保工作达到"三同时"？ （6）化验分析在生产中的作用是什么？		
2	以生产性实训装置为例，对劳动防护用品的配置提出建议		
3	以生产性实训装置为例检查劳动防护用品的佩戴和使用情况	口述、操作	
4	以生产性实训装置为例检查应急物品使用情况	口述	
5	以生产性实训装置为例能识读质量、环境及职业健康安全管理体系文件	口述	

序号	实施内容	注意事项	负责人
6	以生产性实训装置为例能识别高处坠落、灼烫、物体打击等事故隐患 高处坠落隐患：_____ 灼烫隐患：_____ 物体打击隐患：_____	口述	

示范展示	
展示任务	展示要求
对劳动防护用品的配置提出建议	随机抽取同学，分享自己建议
检查劳动防护用品的佩戴和使用情况	随机抽取同学，展示自己佩戴使用情况
以生产性实训装置为例检查应急物品使用情况	以生产性实训装置为例应急物品使用情况
识读质量、环境及职业健康安全管理体系文件	随机抽取同学，分享自己识读情况
识别高处坠落、灼烫、物体打击等事故隐患	随机抽取同学，分享自己识别情况

三、任务评价

表 7-4　任务 7.1 评价表

自我评价		
评价项目	评价标准	得分
理论知识	A. 90～100 分 B. 80～90 分	
实践技能	C. 70～80 分 D. 60～70 分	
成果展示	E. 0～60 分	
合计		
小组评价		
评价项目	标准	得分
计划合理		
方案合理		
团队合作		
组织有序		
工作质量	优（8 分） 良（7 分） 中（6 分） 差（4 分）	
工作效率		
工作完整		
工作规范		
识读报告		
成果展示		
合计		

教师评价				
评价任务		评价标准	分值	得分
考勤（10%）		无无故迟到、早退、旷课		
工作过程（60%）	应知	能完成应知任务，正确描述相关知识概念、工程术语，并能初步应用于实践中	10	
	应会	能正确完成应会操作任务，能理解操作步骤的原理和目标	10	
	工作态度	态度端正、工作认真、主动	5	
	协调能力	与小组成员之间能合作交流，协调工作	5	
	职业素质	能做到安全生产，文明工作，保护环境，爱护公共设施	5	
项目成果（30%）	工作完整	能按时完成任务	5	
	工作规范	按任务要求执行	5	
	语言图文汇报	交流顺畅、资料完整	20	
	现场操作展示	操作准确、知行合一	25	
合计			100	

综合评价			
自评（20%）	小组互评（30%）	教师评价（50%）	综合得分

四、总结反思

根据评价结果，总结自我不足。

任务 7.2 化工装置投料试车方案的编制

● 职业技能目标

表 7-5 《化工总控工职业标准》（四级 / 中级工）

序号	职业功能	工作内容	技能要求
1	1. 生产准备	1.1 工艺文件准备	1.1.6 ★能识记应急处置方案
2	3. 故障判断与处理	3.1 故障判断	3.1.6 能判断中间品、产品质量异常

● 学习目标

知识目标

1. 分析化工装置投料试车方案。

2. 理解化工投料试车应达到的标准。

能力目标

1. 能解决中间品、产品质量异常。

2. 能熟练操作应急处置方案。

素质目标

具备化工生产遵章守纪的职业道德。

● 任务导入

化工投料是一个化工装置从设计、安装到投入生产漫长过程中最关键的一个步骤，同时也是风险最大的一步。若化工投料试生产顺利，各方面的努力得到初步肯定，若投产不顺利，甚至发生重大事故，企业将承受巨大的损失。因此，为确保化工装置化工投料的顺利进行，必须努力做好各方面的工作。

● 任务描述

以实训装置为例，完成以下任务：

1. 能判断中间品、产品质量异常。

2. 能识记实训装置应急处置方案。

● 课前预习

1. 化工装置投料试车方案的基本内容是什么？

2. 化工投料试车应达到的标准是什么？

一、化工装置投料试车方案的基本内容

化工投料试车方案应由建设（生产）单位负责编制并组织实施，设计、施工单位参与，引进装置按合同执行。其主要包括下列基本内容：

（1）装置概况及试车目标。

（2）试车组织与指挥系统。

（3）试车应具备的条件。

（4）试车程序、进度及控制点。

（5）试车负荷与原料、燃料平衡。

（6）试车的水、电、汽、气等平衡。

（7）工艺技术指标、联锁值、报警值。

（8）开、停车与正常操作要点及事故应急措施。

（9）环保措施。

（10）防火、防爆、防中毒、防窒息等安全措施及注意事项。

（11）试车保运体系。

（12）试车难点及对策。

（13）试车可能存在的问题及解决办法。

二、化工投料试车应达到标准

（1）试车主要控制点正点到达，连续运行产出合格产品。

（2）不发生重大设备、操作、火灾、爆炸、人身伤害、环保等事故。

（3）安全、环保、消防和职业卫生做到"三同时"，监测指标符合标准。

（4）生产出合格产品后连续运行 72 h 以上。

（5）做好物料平衡，控制好试车成本。

三、热试车（化工投料试车）作业流程

1. 热试车的逻辑顺序

大多数石化/化工装置的工艺顺序如图 7-1 所示。"开车"一般采用从后至前的"倒开车"顺序，通常是买进原料先启动工艺过程的最后部分，当然也有例外。

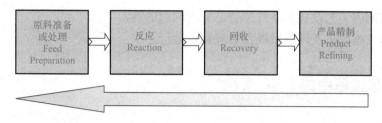

图 7-1 热试车的逻辑顺序

2.初次试运行

从原料投入（通常为低负荷）直至反应或运行工况平稳：

（1）各工段开工后，尽快进入期望的稳定工况；

（2）如显现严重的事故苗头，应迅速组织紧急停车；

（3）故障诊断。在此阶段，许多设备问题将显现出来，试车过程一般都会经历一个高频的所谓"故障诊断、解决方案、工程修改和装置改造的过程"。

3.试车过程的保运

（1）确定保运队伍（视合同）；

（2）编制并发布工作程序及安全规程；

（3）明确试车期间的保运任务范围；

（4）准备保运所需的备品备件及消耗材料，建立保运记录档案；

（5）做好日常巡回检查维护，编制并实施停车检修计划。

四、性能考核及验收作业流程

1.考核的内容

（1）装置及设备的实际运行性能和能力；

（2）能量及物料平衡、化学工艺过程；

（3）效率、收率与质量及其他性能。

2.性能考核大纲

性能考核大纲主要包括性能考核的组织、性能考核的准备、性能考核时间段的确定、性能考核的过程、性能考核的计量、性能考核的分析化验、性能考核操作的程序、结果分析及罚责。

3.验收

（1）装置达到性能考核的设计要求后，颁发正式的验收证书，一旦装置被验收，即转为正式运行，运行和维护的责任将移交给业主。

（2）试车活动正式结束，或许仍有遗留（不影响运行）的尾项试车后活动。

五、验收后的工作内容

（1）遗留尾项的完成，首次常规维护检查的实施、记录、评价及报告；

（2）质保期内工艺设备和备件早衰迹象或问题的观察；

（3）运行数据收集及评价以确保装置稳定运行。

六、试车过程中的 HSE 考虑

1. 开工前安全审核

（1）预开车审查：按照行业标准《石油化工企业安全管理体系实施导则》（AQ/T 3012—2008），启动前安全检查、开工前风险评审；

（2）适用于新建装置、改造装置。

2. PSSR（启动前安全检查）审核的内容

（1）施工与设计相符；

（2）各种手册程序齐全；

（3）过程风险分析的建议已采纳；

（4）变更（因素）管理：满足要求；

（5）有关工人：受训完毕。

● 任务实践

一、任务分组

表 7-6　任务 7.2 学生任务分配表

班级		组号		指导教师	
组长		教学任务		任务 7.2　化工装置投料试车方案的编制	
序号	姓名 / 小组		学号		任务分配
1					
2					
3					
4					
5					
6					

二、任务实施

以生产性实训装置为例，小组讨论中间产品、产品质量异常的判断方法，做出相应调整措施。如要判断是否异常，可依据分析检验项目数据、操作参数指标变化、产品外观等方法判断。

按照具体实施步骤填写表7-7。

表7-7 任务7.2 实施工单

工作任务	任务7.2 化工装置投料试车方案的编制		
实施步骤			
序号	实施内容	注意事项	负责人
1	了解化工装置投料试车方案的编制基本知识。 （1）化工装置投料试车方案的基本内容是什么？ （2）化工投料试车应达到的标准是什么？		
2	以实训装置为例，能判断中间品、产品质量异常	小组讨论编写	
3	识记实训装置应急处置方案 （1）＿＿＿＿＿＿＿＿＿＿＿ （2）＿＿＿＿＿＿＿＿＿＿＿ （3）＿＿＿＿＿＿＿＿＿＿＿ （4）＿＿＿＿＿＿＿＿＿＿＿	口述、操作	
示范展示			
展示任务		展示要求	
投料试车方案的编制基本知识的了解情况		随机抽取同学，分享自己所学和所思	
判断中间品、产品质量异常		小组推选一人，向全班同学分析讲解	
识记实训装置应急处置方案		小组推选一人，向全班同学分析故障发生的原因、后果及处理原则	

三、任务评价

表 7-8 任务 7.2 评价表

自我评价		
评价项目	评价标准	得分
理论知识	A. 90～100 分	
实践技能	B. 80～90 分 C. 70～80 分 D. 60～70 分	
成果展示	E. 0～60 分	
合计		
小组评价		
评价项目	标准	得分
计划合理		
方案合理		
团队合作		
组织有序		
工作质量	优（8分） 良（7分） 中（6分） 差（4分）	
工作效率		
工作完整		
工作规范		
识读报告		
成果展示		
合计		

教师评价				
评价任务		评价标准	分值	得分
考勤（10%）		无无故迟到、早退、旷课	10	
工作过程 （60%）	应知	能完成应知任务，正确描述相关知识概念、工程术语，并能初步应用于实践中	10	
	应会	能正确完成应会操作任务，能理解操作步骤的原理和目标	10	
	工作态度	态度端正、工作认真、主动	5	
	协调能力	与小组成员之间能合作交流，协调工作	5	
	职业素质	能做到安全生产，文明工作，保护环境，爱护公共设施	5	

项目成果（30%）	工作完整	能按时完成任务	5	
	工作规范	按任务要求执行	5	
	语言图文汇报	交流顺畅、资料完整	20	
	现场操作展示	操作准确、知行合一	25	
合计			100	
综合评价				
自评（20%）	小组互评（30%）	教师评价（50%）		综合得分

四、总结反思

根据评价结果，总结自我不足。

任务 7.3　化工装置操作规程和操作法

● 职业技能目标

表 7-9　《化工总控工职业标准》（四级／中级工）

序号	职业功能	工作内容	化工总控工职业技能点
1	1. 生产准备	1.1　工艺文件准备	1.1.3　能识记工艺技术规程、安全技术规程和操作法
2		1.4　物料准备	1.4.1　能引入冷、热媒等介质
3			1.4.2　能确认原、辅料质量符合要求
4			1.4.3　能将原、辅料引入装置
5	2. 生产操作	2.1　开车操作	2.1.1　★能按指令完成正常开车
6			2.1.2　能将工艺参数调节至正常指标范围
7			2.1.3　能计算投料配比
8		2.2　运行操作	2.2.1　★能根据工艺变化调节工艺参数
9			2.2.2　能根据分析结果调节工艺参数
10		2.3　停车操作	2.3.1　★能按指令完成停车
11	3. 故障判断与处理	3.2　故障处理	3.2.2　能处理断料、跑料、串料等工艺事故

● 学习目标

知识目标

1．分析化工装置操作规程的意义、作用及内容。

2．了解化工装置操作规程的通用目录。

3．理解化工装置岗位操作法。

能力目标

1．能熟练使用工艺技术规程、安全技术规程和操作法。

2．能熟练操作引入冷、热媒等介质。

3．能熟练操作确认原、辅料质量符合要求，引入装置。

4．能熟练按指令完成正常开车。

5．能熟练操作将工艺参数调节至正常指标范围。

6．能熟练计算投料配比。

7. 能根据工艺变化熟练操作调节工艺参数。

8. 能按指令熟练操作完成实训装置停车。

9. 能解决断料、跑料、串料等工艺事故。

10. 能解决温度、压力、液位、流量等工艺参数异常。

素质目标

树立化工生产遵章守纪的职业道德。

● 任务导入

化工装置操作规程和操作法是生产管理和操作的依据，操作人员必须认真学习、掌握并能熟练操作，才能上岗工作。通过前面项目任务的学习训练，对化工装置有了比较系统的认识，本项目要求学生在此基础上模拟编制操作规程和操作法，培养化工装置运行的整体理念，理论联系实际，提升综合职业能力。

● 任务描述

以实训装置为例，完成以下任务：

1. 识记实训装置工艺技术规程、安全技术规程和操作法。

2. 进行实训装置引入冷、热媒等介质。

3. 确认进行实训装置原、辅料质量符合要求，引入装置。

4. 能按指令完成实训装置正常开车。

5. 将实训装置工艺参数调节至正常指标范围。

6. 计算投料配比。

7. 能根据实训装置工艺变化调节工艺参数。

8. 根据实训装置分析结果调节工艺参数。

9. 能按指令完成实训装置停车。

10. 能处理实训装置温度、压力、液位、流量等工艺参数异常。

11. 能处理实训装置断料、跑料、串料等工艺事故。

● 课前预习

1. 什么是化工装置操作规程？

2. 什么是化工装置操作法？

● 知识准备

1. 操作规程的内容

（1）有关装置及产品基本情况的说明：装置的生产能力，产品的名称、物理化学性质、质量标准及其主要用途。本装置和外部公用辅助装置的联系，包括原料、辅助原料的来源，水、电、汽的供给，以及产品的去向等。

（2）装置的构成，岗位的设置及主要操作程序：一个装置分成几个工段，应按工艺流程顺序列出每个工段的名称、作用及所管辖的范围。

（3）工艺技术方面的主要内容：原料及辅助原料的性质与规格；反应机理及化学反应方程式；流程叙述、工艺流程图及设备一览表；工艺控制指标，包括反应温度、反应压力、配料比、停留时间、回流比等；每吨产品的物耗及能耗等。

（4）环境保护内容：列出"三废"的排放点及排放量以及其组成；介绍"三废"处理措施，列出"三废"处理一览表。

（5）安全生产原则及安全注意事项：结合装置特点列出装置安全生产有关规定、安全技术知识、安全生产注意事项等。对有毒有害装置及易燃易爆装置更应详细地列出有关安全及工业卫生方面的篇章。

（6）成品包装、运输及储存方面的规定：列出包装容器的规格、质量，包装、运输方式，产品储存中有关注意事项，批量采样的有关规定等。

以上内容，可以根据装置的特点及产品的性能给予适当的简化或细化。

2．操作规程的通用目录

常见的化工装置操作规程编写的有关章节如下：

（1）装置概况。

（2）产品说明。

（3）原料、辅助原料及中间体的规格。

（4）岗位设置及开停车程序。

（5）工艺技术规程。

（6）工艺操作控制指标。

（7）安全生产规程。

（8）工业卫生及环境保护。

（9）主要原料、辅助原料的消耗及能耗。

（10）产品包装、运输及储存规格。

3．操作规程的编制、批准和修订

新装置初版的操作规程一般应由车间工艺技术人员编写。首先，车间工艺技术人员必须学习和熟悉装置的设计说明书及初步设计等有关设计资料，了解工艺意图及主要设备的性能，并配合设计人员在编写试车方案的基础上着手编写工艺操作规程。其次，编写好的初稿应广泛征求有关生产管理人员及岗位操作人员的意见，在汇总各方面意见的基础上，完成修改稿。在编写中也可将部分章节交由其他一些专业人员参与编写，如安全生产原则、环境保护及工业卫生等内容可以由上述专业人员执笔编写。

完成好的修改稿交由车间主任初审，经过车间领导初审后的修订稿上报给公司生产部，经生产部审查后报请公司总工程师审完并由公司总经理批准下达。

装置在生产一个阶段以后，一般为3年，最长的5年，由于技术进步及生产的发展，需要对原有装置进行改造或更新，有的需要扩大生产能力，有的需要改革原有的工艺过程，这样原来的工艺流程、主要设备及控制手段已作了修改，所以，必须对原有的操作规程进行修订，然后才能开车生产。修订的操作规程必须按照上述同样的报批程序进行上报及批准。即使不进行扩建及技术改造，一般情况在装置生产2～3年后也要对原有的操作规程进行修订或补充。由于2、3年的生产实践，积累了很多的宝贵经验，发现了原设计中的一些缺陷及薄弱环节，因此，有必要将这些经验及改进措施补充到原定的操作规程中，使之更加完善。这必将更有利于生产的安、稳、长、满、优。所以，操作规程的修订虽然并没有硬性的时间规定，但根据生产管理的需要也应及时进行。上述修订工作仍应由车间工艺技术人员牵头组织编写，并报上级批准下达，修订稿一经批准下达，原有的操作规程即宣告失效。

二、岗位操作法

1. 岗位操作法的内容

（1）本岗位的基本任务。以简洁、明了的文字列出本岗位的生产任务。如原料准备岗位，每班要准备哪几种原料，它的数量、质量指标、温度、压力等；准备好的原料送往什么岗位，每班送几次，每次送几吨。本岗位与前后岗位是怎么分工合作的，特别是应明确两个岗位之间的交接点，不能造成两不管的状况。

（2）工艺流程概述。说明本岗位的工艺流程及起止点，并列出工艺流程简图。

（3）所管辖设备。应列出本岗位生产操作的所有设备、仪表，标明其数量、型号、规格、材质、质量等。通常以一览表表示。

（4）操作程序及步骤。列出本岗位如何开、停车的具体操作步骤及操作要点。如先开哪个阀门？先加料还是先升温？加料及升温的具体操作步骤是什么？要加多少料？温度升到多少度？都要详细列出，特别是冷态开车及需要装置作检修的停车。

（5）生产工艺指标。如反应温度、操作压力、投料量、配料比、反应时间、反应空间速度等。

（6）仪表使用规程。列出仪表的启动程序及有关规定。

（7）异常情况及处理。列出本岗位通常发生的异常情况有几种，发生这些异常状况的原因分析，以及采用什么处理措施来解决，措施要具体化，要有可操作性。

（8）巡回检查制度及交接班制度。应标明本岗位的巡回检查路线及起止点，必要时以简图列出；列出巡回检查的各个点、检查次数、检查要求等。交接班制度应列出交接时间、交接地点、交接内容、交接要求及交接班注意事项。

（9）安全生产守则。应结合装置及岗位特点列出本岗位安全工作的有关规定及注意事项。

（10）操作人员守则。应从生产管理角度对岗位人员提出一些要求及规定。如上岗前不能饮酒，规定着装，文明生产等。

上述基本内容应结合各岗位的特点予以简化或细化，但必须符合岗位生产操作及管理的实际要求。编写中内容应具体，结合一些理论，但要突出具体操作。文字要简洁明了，以免导致误操作及岗位之间的扯皮。操作人员如对岗位操作法中有些内容、要求不够清楚时，应及时请示班长及车间领导。不能随意解释及推测，否则岗位操作发生事故应由操作人员负主要责任。

2. 岗位操作法的编制、批准和修订

岗位操作法一般由工艺技术人员牵头组织编写初稿，并可由车间安全员、班组长及其他生产骨干共同参与编写工作，编写过程可与操作规程同步，也可先完成操作规程再完成岗位操作法。

一般有两种方式：一种方式由工艺技术人员组织上述人员，一起消化、学习装置的设计说明书、初步设计及试车规程和操作规程，在此基础上编写岗位操作法。一般在化工投料之前，先编写一个初稿供试车用，也可称为试行稿。在化工试车总结基础上，对初稿进行补充、修改、完善，然后正常试生产一段时间后最终确定送审稿。另一种方式则由装置的工艺技术人员牵头组织部分生产骨干，去国内（外）同类生产厂培训，并收集同类装置的岗位操作法等技术资料后，再按不同专业、不同岗位有针对性的，对同类装置相同岗位的操作法进行修改、补充、完善来完成初稿进行试行，在试行一个阶段后再作一次修改完成最终送审稿。

初稿确定后由车间主任组织讨论修改后试行，试行一个阶段后再作修改完成送审稿，交由生产技术部及总工程师进行审定，由公司经理批准颁发。岗位操作法与操作规程相同，一经批准下达即具有法定效力，不得随意修改，各类人员都应维护它的严肃性。

岗位操作法的修订与操作规程情况基本类同。

● **任务实践**

一、任务分组

表 7-10　任务 7.3 学生任务分配表

班级		组号		指导教师	
组长		教学任务	任务 7.3　化工装置操作规程和操作法		
序号	姓名 / 小组		学号	任务分配	
1					
2					
3					
4					
5					
6					

二、任务实施

在指导教师指导下，小组成员以生产性实训装置为例讨论，模拟编制实训装置操作规程和操作法，反复修改完善完成。

投料试车操作，一定要熟悉操作规程，熟练掌握操作法，对可能出现的故障有处理预案，在得到指导教师同意和指导下，依据方案在实训装置中进行开停车操作，注意安全。

按照具体实施步骤填写表 7-11。

表 7-11 任务 7.3 实施工单

工作任务	任务 7.3 化工装置操作规程和操作法		
实施步骤			
序号	实施内容	注意事项	负责人
1	了解化工装置操作规程编制基本知识。 （1）化工装置操作规程的意义、作用及内容是什么？ （2）编写化工装置操作规程的通用目录有哪些？ （3）化工装置岗位操作法的内容包括哪些方面？		
2	识记实训装置工艺技术规程、安全技术规程和操作法（口述）		
3	进行实训装置引入冷、热媒等介质。 冷介质：＿＿＿＿＿＿＿＿＿＿＿＿＿＿＿＿ 热媒介质：＿＿＿＿＿＿＿＿＿＿＿＿＿＿＿	现场操作	
4	确认进行实训装置原、辅料质量符合要求。 原料质量符合要求：＿＿＿＿＿＿＿＿＿＿ 辅料质量符合要求：＿＿＿＿＿＿＿＿＿＿	现场操作	
5	将实训装置原、辅料引入装置。 原料引入合格确认方法：＿＿＿＿＿＿＿＿ 辅料引入合格确认方法：＿＿＿＿＿＿＿＿	现场操作	
6	能按指令完成实训装置正常开车操作	总控、现场操作	
7	能将实训装置工艺参数调节至正常指标范围操作	总控操作	
8	计算投料配比	总控操作	
9	能根据实训装置工艺变化调节工艺参数	总控操作	
10	根据实训装置分析结果调节工艺参数	总控操作	
11	能按指令完成实训装置停车操作	总控操作	
12	能处理实训装置温度、压力、液位、流量等工艺参数异常	总控操作	
13	能处理实训装置断料、跑料、串料等工艺事故	总控、现场操作	

示范展示	
展示任务	展示要求
化工装置操作规程编制基本知识的了解情况	随机抽取同随机抽取同学，分享自己所学和所思学，分享自己所学和所思
识记实训装置工艺技术规程、安全技术规程和操作法	小组推选一人，向全班同学分析讲解实训装置工艺技术规程、安全技术规程和操作法要点
表 7-11 任务 7.3 实施工单中的任务序号 3～13	由小组人员合作完成，向全班同学展示操作过程，口述故障现象、原因及处理方法

三、任务评价

表 7-12　任务 7.3 评价表

自我评价		
评价项目	评价标准	得分
理论知识	A．90～100 分	
实践技能	B．80～90 分 C．70～80 分	
成果展示	D．60～70 分 E．0～60 分	
合计		
小组评价		
评价项目	标准	得分
计划合理		
方案合理		
团队合作		
组织有序		
工作质量	优（8 分） 良（7 分） 中（6 分） 差（4 分）	
工作效率		
工作完整		
工作规范		
识读报告		
成果展示		
合计		

教师评价				
评价任务	评价标准		分值	得分
考勤（10%）	无无故迟到、早退、旷课		10	
工作过程（60%）	应知	能完成应知任务，正确描述相关知识概念、工程术语，并能初步应用于实践中	10	
	应会	能正确完成应会操作任务，能理解操作步骤的原理和目标	10	
	工作态度	态度端正、工作认真、主动	5	
	协调能力	与小组成员之间能合作交流，协调工作	5	
	职业素质	能做到安全生产，文明工作，保护环境，爱护公共设施	5	
项目成果（30%）	工作完整	能按时完成任务	5	
	工作规范	按任务要求执行	5	
	语言图文汇报	交流顺畅、资料完整	20	
	现场操作展示	操作准确、知行合一	25	
合计			100	
综合评价				

自评（20%）	小组互评（30%）	教师评价（50%）	综合得分

四、总结反思

根据评价结果，总结自我不足。

参 考 文 献

［1］向丹波.化工操作工必读［M］.北京：化学工业出版社，2018.

［2］韩文光.化工装置实用操作技术指南［M］.北京：化学工业出版社，2001.

［3］陈学梅，梁凤凯.有机化工生产技术与操作［M］.3版.北京：化学工业出版社，
  2021.

［4］陈群.化工仿真操作实训［M］.3版.北京：化学工业出版社，2014.

［5］周莉萍.化工生产基础［M］.北京：化学工业出版社，2007.